シグマ 基本問題集

化学基礎

文英堂編集部　編

文英堂

特色と使用法

◎「**シグマ基本問題集 化学基礎**」は，問題を解くことによって教科書の内容を基本からしっかりと理解していくことをねらった**日常学習用問題集**である。編集にあたっては，次の点に気を配り，これらを本書の特色とした。

➡ 学習内容を細分し，重要ポイントを明示

➡ 学校の授業にあった学習をしやすいように，「化学基礎」の内容を21の項目に分けた。また，**テストに出る重要ポイント**では，その項目での重要度が非常に高く，必ずテストに出そうなポイントだけをまとめた。必ず目を通すこと。

➡ 「基本問題」と「応用問題」の2段階編集

➡ **基本問題**は教科書の内容を理解するための問題で，**応用問題**は教科書の知識を応用して解く発展的な問題である。どちらも小問ごとに **できたらチェック** 欄を設けてあるので，できたかどうかをチェックし，弱点の発見に役立ててほしい。また，解けない問題は **ガイド**などを参考にして，できるだけ自分で考えよう。

➡ 特に重要な問題は **例題研究》** として取り上げ， **着眼** と **解き方** をつけてくわしく解説している。

➡ 定期テスト対策も万全

➡ **基本問題**のなかで定期テストで必ず問われる問題には **テスト必出** マークをつけ，**応用問題**のなかで定期テストに出やすい応用的な問題には **差がつく** マークをつけた。テスト直前には，これらの問題をもう一度解き直そう。

➡ くわしい解説つきの別冊正解答集

➡ 解答は答え合わせをしやすいように別冊とし，**問題の解き方が完璧にわかる**ようくわしい解説をつけた。また， **テスト対策** では，定期テストなどの試験対策上のアドバイスや留意点を示した。大いに活用してほしい。

本書では，「化学」の範囲だが「化学基礎」と関連が深く，授業やテストに出てくることが考えられる内容も▶マークや **発展** マークをつけて扱った。ぜひ取り組んでほしい。

もくじ

序章 人間生活と化学
1 化学とその利用 …………… *4*
2 化学とその役割 …………… *6*

1章 物質の構成
3 物質の成分と元素 ………… *8*
4 物質の状態変化 …………… *12*
5 原子の構造と電子配置 … *16*
6 イオン結合とその結晶 … *20*
7 共有結合とその結晶 …… *24*
8 分子の極性と分子間の結合 ………………… *28*
9 金属結合と金属 ………… *32*

2章 物質の変化
10 原子量・分子量と物質量 ………………… *35*
11 溶液の濃度と固体の溶解度 ………………… *39*
12 化学反応式と量的関係 … *42*
13 酸と塩基 ………………… *47*
14 酸と塩基の反応 ………… *50*
15 水素イオン濃度とpH … *55*
16 塩の性質 ………………… *60*
17 酸化と還元 ……………… *64*
18 酸化剤と還元剤 ………… *68*
19 金属の反応性 …………… *72*
20 電　池 …………………… *74*
21 電気分解 ………………… *77*

◆ 別冊 正解答集

1 化学とその利用

テストに出る重要ポイント

● 金 属
石器時代から，金属器時代である青銅器時代・鉄器時代へと進んだ。
① 金・銀…人類が最初に利用した金属。天然に金属として存在。
② 銅・鉄…化合物から金属をとり出す技術が**製錬**で，**銅の製錬**は紀元前3000年以前から行われ，その後**鉄の製錬**が行われるようになった。
　➡ 現在，われわれが利用している金属の約90％が鉄である。
③ アルミニウム…アルミニウムは化合力が強く，製錬は溶融した化合物 Al_2O_3 の電気分解による。（←単体が取り出しにくい）➡ 多量生産されるようになったのは19世紀末ごろから。

● セラミックス
陶磁器，ガラス，セメントなど，ケイ砂や粘土などを高温で処理して得られるものを**セラミックス**という。➡ 人類は古くから利用している。

● プラスチック・合成繊維
① プラスチック…20世紀にはじめて合成。ポリエチレン・ポリスチレン・ポリエチレンテレフタラート・ナイロンなど。➡ **原料は石油**。
② 合成繊維…絹・羊毛（←動物性繊維）・木綿（←植物性繊維）などの**天然繊維**に対し，ポリエチレンテレフタラート・ナイロン・ビニロンなどの**合成繊維**がつくり出された。
③ プラスチックと地球環境…プラスチックの特徴は，酸化されにくく安定であることだが，この特徴は「蓄積される」という，地球環境にとって大きな欠点へとつながる。

基本問題
解答 ➡ 別冊 *p.2*

1 金属とその利用　◀テスト必出

次の(1)～(3)にあてはまるものを，あとのア～エから選べ。
☐ (1) 天然に金属として存在している。
☐ (2) 19世紀になって用いられるようになった。
☐ (3) 現在，金属中で最も多く利用されている。
　ア 銅　　イ 鉄　　ウ 金　　エ アルミニウム

1 化学とその利用

2 セラミックスとプラスチック

次の(1), (2)にあてはまるものを, それぞれのア～オから1つずつ選べ。

- (1) セラミックスではないもの。
  - ア　レンガ　　イ　水晶　　ウ　セメント　　エ　陶磁器
  - オ　ガラス
- (2) プラスチックではないもの。
  - ア　ポリエチレン　　イ　ナイロン　　ウ　ポリスチレン
  - エ　セロハン　　オ　ポリエチレンテレフタラート

📖 ガイド　セラミックスはケイ砂や粘土などを高温で加熱してつくる。

応用問題　　　　　　　　　　　　　　　　　　　解答 ➡ 別冊 p.2

3 ◀差がつく▶ 次の(1)～(3)にあてはまるものを, あとのア～エから選べ。

- (1) 製錬において電気を必要とする。
- (2) 最も古くから製錬が行われていた。
- (3) 製錬を必要としない。

　　ア　白金　　イ　アルミニウム　　ウ　鉄　　エ　銅

4 次の物質の組み合わせア～エのうち, あとの(1)～(4)にともにあてはまるものを選べ。

　　ア　セメント, ガラス　　イ　ナイロン, ポリエステル
　　ウ　金, ダイヤモンド　　エ　絹, 木綿

- (1) 天然繊維である。
- (2) 石油からつくる。
- (3) 天然に存在する。
- (4) ケイ砂や粘土を原料とする。

📖 ガイド　ポリエステルはプラスチックの1つであり, たとえばポリエチレンテレフタラートがある。

5 次のプラスチックの性質ア～オのうち, 地球環境に悪影響を及ぼす最大の性質を1つ選べ。

　　ア　加熱するとやわらかくなる。　　イ　水に溶けにくい。
　　ウ　酸化されにくい。　　　　　　　エ　やや燃えにくい。
　　オ　エーテルなどに溶けにくい。

2 化学とその役割

テストに出る重要ポイント

- **肥 料**
  ① **天然肥料**…堆肥(たいひ)・油かす・魚粉・排泄物(はいせつ)など。効果を発揮するのに時間がかかるが，効果が長持ちする。
  ② **化学肥料**…植物に必要な窒素・リン・カリウムを多く含む。安価に大量合成が可能。速効性があり，取り扱いやすい。
  例 硫安(りゅうあん)，過リン酸石灰
- **農 薬**…農作物の収穫量をふやすために利用。**殺虫剤**，**除草剤**など。
- **食料の保存**…食料の腐敗を防ぐためにカビや細菌の繁殖を防ぐ**防腐剤**(**保存料**)や，食料の酸化を防ぐ**酸化防止剤**などといった**食品添加物**のほか，鉄粉による**脱酸素剤**，シリカゲルによる**乾燥剤**など。
- **洗 剤**
  ① **セッケン**…油脂と NaOH 水溶液からつくる Na 塩。
  〔**性質**〕水溶液は塩基性 ➡ 絹・羊毛に不適。硬水では沈殿。
  (硬水中の Ca^{2+} や Mg^{2+} と反応して沈殿ができる。)
  ② **合成洗剤**…石油が原料で，NaOH による Na 塩。
  〔**性質**〕水溶液は中性 ➡ 絹・羊毛に適する。硬水でも沈殿しない。
  ③ **界面活性剤**…セッケンや合成洗剤のように，**親油性の部分**(炭化水素基)**と親水性の部分をもつ物質。** ➡ **洗浄作用**を示す。
  (乳化作用など。)
  ④ **合成洗剤の環境への影響**…合成洗剤は微生物により分解されない。**洗浄補助剤**に含まれるリン酸塩などによるプランクトンの異常発生。
  ➡ 多量に使用すると**水質汚染**につながる。

基本問題

解答 ➡ 別冊 p.2

できたらチェック。

□ **6** 肥料と農薬

次の文中の(　)に適する語句を記入せよ。

人口増加に伴う食料増産のため，安価で大量生産でき，速効性がある(ア)肥料が開発された。さらに，農作物の収穫量をふやすために，害虫を除く(イ)剤や雑草の生育を妨げる(ウ)剤などが開発・改良された。

7 食料の保存

食料の保存について，次の(1)〜(3)にあてはまるものを，あとのア〜ウから選び，記号で答えよ。
- (1) シリカゲルを用いる。
- (2) 鉄粉を用いる。
- (3) カビや細菌の繁殖を防ぐ。

　　ア　脱酸素剤　　　イ　防腐剤　　　ウ　乾燥剤

　📖 ガイド　鉄粉は酸素と化合する。

8 洗剤の原料 ◀テスト必出

次の(1)，(2)の原料を，あとのア〜カから選べ。
- (1) セッケン
- (2) 合成洗剤

　　ア　塩　酸　　イ　水酸化ナトリウム　　ウ　石　油　　エ　石　炭
　　オ　油　脂　　カ　メタンガス

　📖 ガイド　いずれも Na 塩になっている。

応用問題　　　　　　　　　　　　　　　　　解答 ➡ 別冊 *p.3*

9

次の(1)〜(4)にあてはまるものを，あとのア〜クから 2 つずつ選べ。
- (1) 天然肥料
- (2) 化学肥料
- (3) 農　薬
- (4) 食品添加物

　　ア　硫　安　　　　　イ　防腐剤　　　　ウ　堆　肥
　　エ　酸化防止剤　　　オ　過リン酸石灰　　カ　殺虫剤
　　キ　油かす　　　　　ク　除草剤

10 ◀差がつく

次の記述ア〜カについて，あとの(1)〜(3)にあてはまるものを，すべて選べ。

　　ア　石油からつくる。　　　イ　原料として NaOH 水溶液が必要。
　　ウ　界面活性剤である。　　エ　水溶液は塩基性を示す。
　　オ　硬水で沈殿する。　　　カ　絹・羊毛の洗濯に適している。

- (1) セッケンのみに関するもの。
- (2) 合成洗剤のみに関するもの。
- (3) セッケン・合成洗剤の両方に関するもの。

3 物質の成分と元素

テストに出る重要ポイント

- **物質**…天然の物質の多くは，種々の純物質が混じった混合物からなる。
  - 純物質…1種類の物質からなる ➡ **一定の融点・沸点をもつ。**
  - 混合物…2種類以上の物質が混合 ➡ **一定の融点・沸点をもたない。**

- **混合物の分離**…混合物は次の操作で成分物質(純物質)に分離できる。
  ① ろ過…液体中に混じっている**固体をろ紙で分離**する。
  ② 蒸留…液体を加熱して気体にし，**冷却して再び液体として分離**する。
  ③ 分留…液体の混合物を**沸点の差**によって分離する。
  ④ 再結晶…温度による**溶解度の差**を利用して分離する。
  ⑤ 抽出…ある物質を溶かす**溶媒によって分離**する。
  ⑥ 昇華法…固体混合物から**直接気体になりやすい物質を分離**する。

〔海水の蒸留〕
温度計／枝つきフラスコ／リービッヒ冷却器／水道水／海水(混合物)／沸騰石／金網／アダプター／蒸留水(純物質)

- **元素**…物質を構成する基本的成分で，約110種ある。➡ **元素記号**で示す。

〔元素の検出例〕
① 炎色反応 ➡ Na；黄色　K；赤紫色　Ca；橙赤色　Ba；黄緑色
② 沈殿反応…硝酸銀水溶液を滴下 ➡ <u>白色沈殿</u>　➡ 塩素 Cl(Cl^-)の存在。
　　　　　　　　　　　　　　　　　　↳塩化銀(Ⅰ) AgCl

〔炎色反応〕

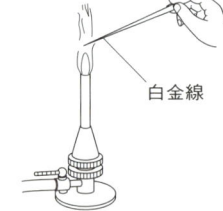

白金線

※バーナーの外炎に入れて反応させる。

- **単体と化合物**…純物質は単体と化合物に分類。
  - 単　体…**1種類の元素**からなる物質。
  - 化合物…**2種類以上の元素**からなる物質。

- **同素体**…同じ元素からなる単体で，性質が互いに異なる物質。

例	S		C		O		P	
	斜方硫黄 ↳最も安定		ダイヤモンド ↳電気を通さない		酸素		黄リン ↳有毒	
	単斜硫黄		黒　鉛 ↳電気を通す		オゾン		赤リン ↳毒性 少	
	ゴム状硫黄		フラーレン					

基本問題

解答 → 別冊 *p.3*

11 混合物と純物質
次の物質を，混合物と純物質に分類せよ。
ア 窒素　　　イ 空気　　　ウ 海水　　　エ エタノール
オ ダイヤモンド　カ 鉄　　　キ 粘土　　　ク 石油
ケ ドライアイス　コ 牛乳
📖 ガイド　ドライアイスは固体の二酸化炭素である。

12 混合物の分離
次の混合物の分離(1)～(5)を行うには，下のア～カのどの方法が最も適しているかそれぞれ選べ。
- (1) 原油からガソリンをとる。
- (2) 白濁した消石灰の水溶液(石灰乳)から透明な石灰水を得る。
- (3) ヨウ素の混じった砂から，ヨウ素をとる。
- (4) 少量の食塩を含む硝酸カリウムの結晶から純粋な硝酸カリウムを得る。
- (5) 海水から純水を得る。

　　ア ろ過　　イ 蒸留　　ウ 分留　　エ 再結晶
　　オ 抽出　　カ 昇華法

📖 ガイド　ヨウ素の結晶は，直接気体になりやすい。

13 蒸留装置　◀テスト必出
右図は食塩水の蒸留装置を示したものである。これについて次の問いに答えよ。

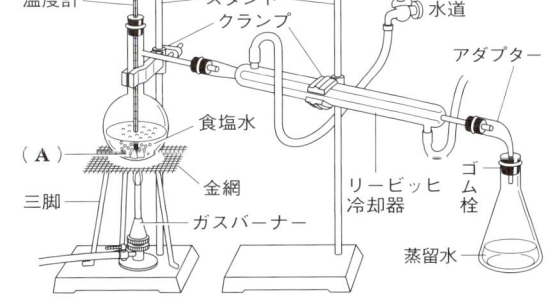

- (1) この装置に誤っているところが3か所ある。どこか指摘せよ。
- (2) (**A**)は突沸を防ぐために入れる。(**A**)は何か。
- (3) 食塩水と蒸留水について，次の①，②の違いを示せ。
   - ① 炎色反応の色
   - ② 硝酸銀水溶液を滴下したとき

📖 ガイド　(3) 食塩水は，水に NaCl が溶けている。

14 元素の検出

次の(1)～(3)から，化合物 A～C に含まれていると推定できる元素名を示せ。
- (1) 化合物 A を燃焼させたとき，生じる気体を石灰水に通じると白濁した。
- (2) 化合物 B を水に溶かし，硝酸銀水溶液を滴下すると白濁した。
- (3) 化合物 C を白金線につけて炎の中に入れると，炎の色が黄色になった。

📖 ガイド　石灰水に CO_2 を通じると白濁する。

15 単体と化合物

次の物質を，単体と化合物に分類せよ。
- ア 金
- イ メタン
- ウ 水素
- エ 硫酸
- オ ダイヤモンド
- カ 水
- キ オゾン
- ク アンモニア

16 元素と単体　◀テスト必出

次の記述中の<u>酸素</u>は「元素」「単体」のどちらを示しているか。
- (1) 空気は，窒素や<u>酸素</u>の混合気体である。
- (2) 地殻中の約46％は<u>酸素</u>が占めている。
- (3) 水は，水素と<u>酸素</u>からなる。
- (4) 水を電気分解すると，水素と<u>酸素</u>が得られる。

📖 ガイド　元素は物質の成分，単体は1種類の元素からなる物質である。

17 同素体

次のうち，互いに同素体の関係にある組み合わせを2つ選べ。
- ア フッ素と塩素
- イ 一酸化炭素と二酸化炭素
- ウ 酸素とオゾン
- エ カリウムとナトリウム
- オ ダイヤモンドと黒鉛

応用問題　　　　　　　　　　　　　　　解答 → 別冊 p.5

18
ある液体に関する次の①～④のうち，この液体が混合物でなく，純物質であることを，最もよく示しているのはどれか。
- ① 全体が均一な白色の液体である。
- ② 水に完全に溶け，無色透明な水溶液になった。
- ③ 冷却しはじめて全部凝固し終わるまで，凝固点が変わらなかった。
- ④ 冷却してできた固体も均一な無色の固体となった。

3 物質の成分と元素

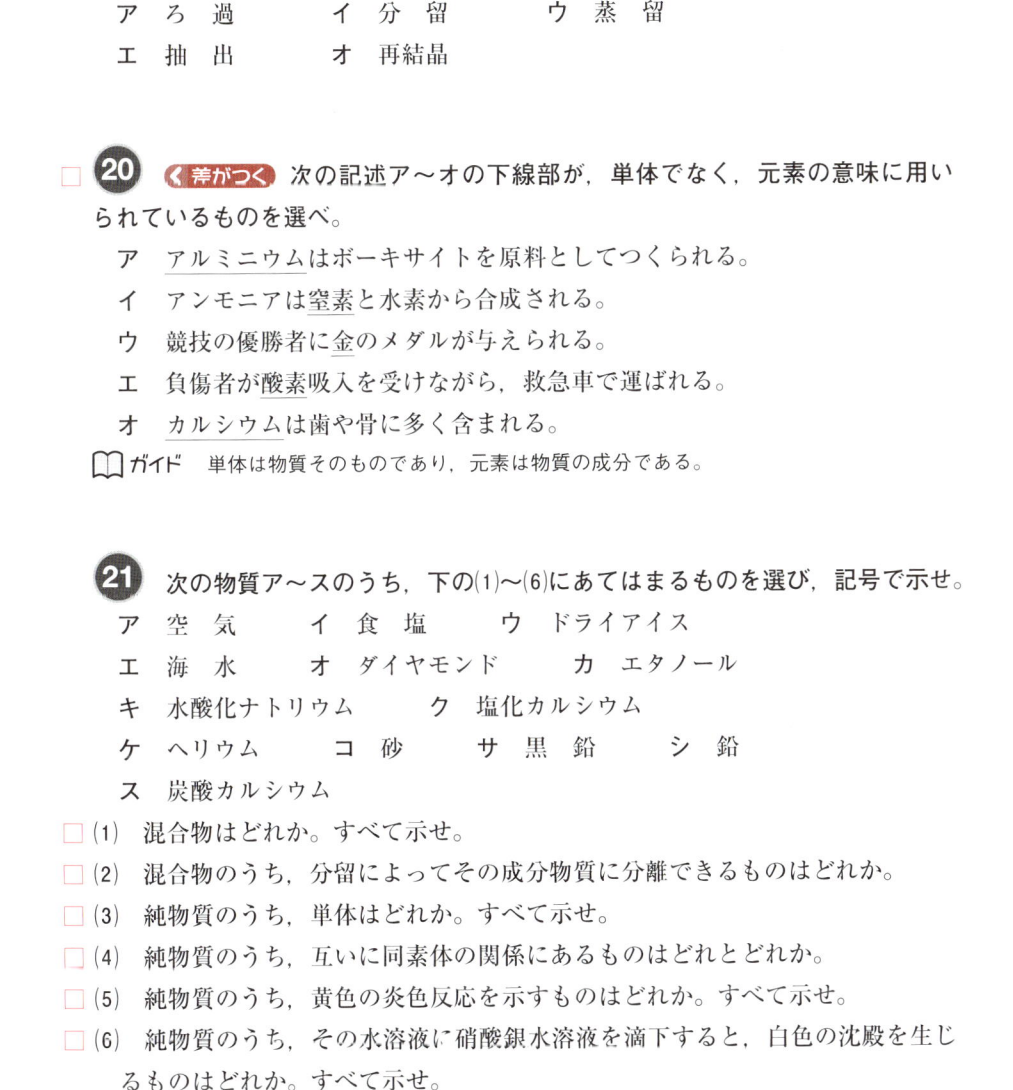

19 次の(1)～(5)の分離は，あとのア～オのどの方法と最も関係が深いか。
- (1) 空気を冷却して液体空気として，酸素を分離した。
- (2) 食塩水から水を分離した。
- (3) 泥水から水を分離した。
- (4) 大豆を砕いてエーテル中に浸して油脂を分離した。
- (5) 高温の飽和水溶液を冷却して析出する固体を分離した。

　ア　ろ　過　　　イ　分　留　　　ウ　蒸　留
　エ　抽　出　　　オ　再結晶

20 〈差がつく〉次の記述ア～オの下線部が，単体でなく，元素の意味に用いられているものを選べ。
- ア　アルミニウムはボーキサイトを原料としてつくられる。
- イ　アンモニアは窒素と水素から合成される。
- ウ　競技の優勝者に金のメダルが与えられる。
- エ　負傷者が酸素吸入を受けながら，救急車で運ばれる。
- オ　カルシウムは歯や骨に多く含まれる。

📖 ガイド　単体は物質そのものであり，元素は物質の成分である。

21 次の物質ア～スのうち，下の(1)～(6)にあてはまるものを選び，記号で示せ。
　ア　空　気　　　イ　食　塩　　　ウ　ドライアイス
　エ　海　水　　　オ　ダイヤモンド　　カ　エタノール
　キ　水酸化ナトリウム　　ク　塩化カルシウム
　ケ　ヘリウム　　コ　砂　　サ　黒　鉛　　シ　鉛
　ス　炭酸カルシウム

- (1) 混合物はどれか。すべて示せ。
- (2) 混合物のうち，分留によってその成分物質に分離できるものはどれか。
- (3) 純物質のうち，単体はどれか。すべて示せ。
- (4) 純物質のうち，互いに同素体の関係にあるものはどれとどれか。
- (5) 純物質のうち，黄色の炎色反応を示すものはどれか。すべて示せ。
- (6) 純物質のうち，その水溶液に硝酸銀水溶液を滴下すると，白色の沈殿を生じるものはどれか。すべて示せ。

4 物質の状態変化

● 物質の三態と状態変化
① **物質の三態**…物質は**固体・液体・気体**の3つの状態(三態)がある。
② **状態変化**…三態間の変化を**状態変化**という。

● 状態変化と温度・エネルギー
① **融解・融点**…固体が熱を受け取り液体へ変化するのが**融解**。一定圧力のもとで融解する温度が**融点**。
　　└ 融点で受け取ったエネルギーが融解熱。
② **蒸発・沸点**…液体が熱を受け取り気体へ変化するのが**蒸発**。一定圧力のもとで液体の内部から起こる蒸発を**沸騰**,沸騰する温度が**沸点**。
　　└ 沸点で受け取ったエネルギーが蒸発熱。

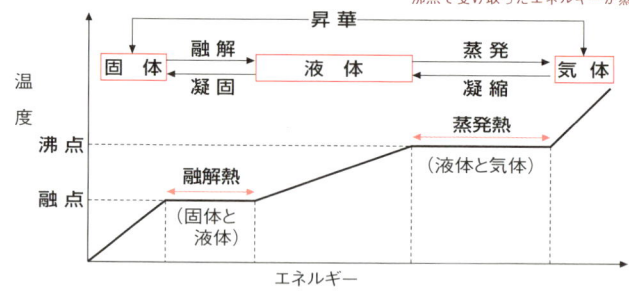

● 粒子の熱運動
物質を構成している粒子(原子・分子・イオンなど)が,その温度に応じて行っている運動。

● 三態と熱運動
① **固体**…粒子は,定まった位置で振動している。
　➡ 粒子が規則正しく配列している固体が**結晶**。
② **液体**…粒子は集合しているが,互いに入れ替わったり,移動できる。
③ **気体**…分子が互いに離れて高速で運動している。

● 熱運動と温度
粒子の熱運動は,物質の温度が高いほど激しい。
▶ **絶対温度**…-273℃になると熱運動が停止する。この温度が**絶対零度**。これを基準とする温度が**絶対温度**。セ氏温度(セルシウス温度) t 〔℃〕と絶対温度 T 〔K〕との関係は, T 〔K〕$= t$ 〔℃〕$+273$

● 物理変化と化学変化
① **物理変化**…状態変化のような,物質の種類が変わらない変化。
② **化学変化**…物質の種類が変わる変化。➡ 化学反応ともいう。
　　└ 化学式が変わる。

基本問題

22 状態変化と温度・エネルギー

右図は，ある物質を固体から加熱していったときの温度と時間のグラフである。あとの各問いに答えよ。

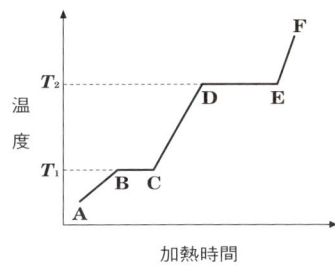

- (1) 図の T_1，T_2 は何とよばれるか。
- (2) BC 間および DE 間では，この物質はそれぞれどのような状態にあるか。
- (3) BC 間および DE 間では，なぜ温度が上昇しないのか。理由を説明せよ。
- (4) AB 間の状態と EF 間の状態では，密度はどちらが大きいか。
- (5) AB 間の状態から，直接 EF 間の状態になる状態変化を何というか。

📖 ガイド　グラフで，水平の線は加熱しても温度が上昇しないことを示す。

23 物質の三態

分子からなる物質について述べた次の(1)～(5)の文は，固体，液体，気体のどれにあてはまるか。

- (1) 分子間の距離が最も大きい。
- (2) 分子が近接しているが，分子の位置が互いに入れ替わる。
- (3) 分子間の距離がほぼ一定である。
- (4) エネルギーが最も低い状態である。
- (5) 分子間力がほとんど無視できる。

24 絶対温度

温度に関する次の(1)～(4)の問いに答えよ。

- (1) −273℃では，粒子の熱運動はどのような状態になっているか。
- (2) 粒子の熱運動が(1)の状態になる温度である −273℃を何とよぶか。
- (3) 次の a，b の絶対温度を単位をつけて答えよ。
　　a　−3℃　　　b　100℃
- (4) 次の a，b のセ氏温度を単位をつけて答えよ。
　　a　10K　　　b　300K

25 物理変化・化学変化

次のア〜カの変化を，物理変化と化学変化に分類せよ。
ア　氷の表面から水蒸気が発生している。
イ　水素を空気中で燃焼すると，水が生じる。
ウ　水に食塩を入れて無色・透明な食塩水とした。
エ　食塩水に硝酸銀水溶液を滴下すると，白色沈殿が生じた。
オ　硝酸銀水溶液に亜鉛板を浸してしばらく放置しておくと，亜鉛板の表面に銀が析出した。
カ　高温の硝酸カリウム飽和水溶液を冷却すると，結晶が析出した。

応用問題

26 次のア〜オの文のうち，誤っているものはどれか。
ア　分子からなる物質の大部分では，その分子間の距離は，液体の状態にあるときのほうが固体の状態にあるときよりやや大きい。
イ　沸点では，物質は液体と気体のエネルギーが等しくなっている。
ウ　液体が固体になるときは，融解熱と等しい量の熱を放出する。
エ　固体が直接気体になる変化を昇華という。
オ　気体では，温度が高くなるにつれて，分子間の平均距離が大きくなる。

27 次の(1)，(2)の記述ア〜エのうち，誤っているものを選べ。
(1)　ア　結晶では，粒子が規則正しく並んでおり，それぞれの位置において振動している。
　　イ　一般に，融解熱は蒸発熱より大きい。
　　ウ　同じ物質では，融点と凝固点が等しい。
　　エ　気体では，温度が高いほど分子の運動速度が大きくなる。
(2)　ア　−300℃の温度は存在しない。
　　イ　絶対零度では，実在の物質は気体として存在しない。
　　ウ　低温にも高温にも限度がある。
　　エ　セ氏温度でも絶対温度でも，温度の差は互いに等しい。

28 次の各問いに答えよ。

(1) 0℃の氷50gを加熱して100℃の水蒸気にするのに必要な熱量を求めよ。ただし，氷1gあたりの融解熱を0.33kJ，水1gあたりの蒸発熱を2.3kJとし，水1gの温度を1K上げるのに必要な熱量を4.2Jとする。

(2) ある純物質の固体20gを，大気圧のもとで毎分2.0kJの割合で加熱した。右図は，そのときの加熱時間と物質の温度との関係を表している。

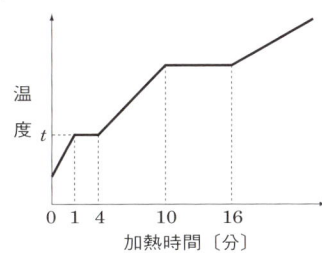

　a　この物質1gあたりの融解熱と，この物質1gあたりの蒸発熱をそれぞれ何kJか求めよ。

　b　t〔℃〕のこの物質の固体100gを全部気体にするには，何kJ必要か。

📖 ガイド　図のグラフの水平の線の長さから求められる熱量が融解熱・蒸発熱である。

29 〈差がつく〉 容積を変えることで圧力を一定に保つことができる密閉容器に，純物質 m〔g〕を入れ，容器の圧力を 1.013×10^5 Pa に保ちながら物質を固体から気体になるまで加熱した。そのときに物質が吸収した熱量と温度との関係を右図に示す。

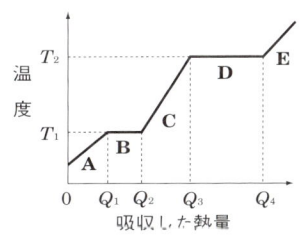

次の記述のア～キのうち，正しいものはどれか。1つ選び，記号で答えよ。

　ア　領域Dでは，2種類の状態が共存している。

　イ　領域Cでは，蒸気圧は一定である。

　ウ　1gあたりの融解熱は $\dfrac{Q_4 - Q_3}{m}$ で表される。

　エ　容器内の圧力を変えても，領域Bの温度 T_1 と領域Dの温度 T_2 はどちらも変化しない。

　オ　容器内の圧力を変えても，Q_1 の値は変化しない。

　カ　質量を増やしても，Q_3 の値は変化しない。

　キ　質量を増やすと，領域Bの温度 T_1 は高くなる。

📖 ガイド　領域Bでは融解，領域Dでは蒸発が起こっていることに着目する。

5 原子の構造と電子配置

◉ 原子の構造

① 原子の構造

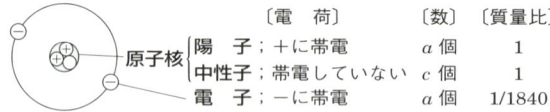

	〔電荷〕	〔数〕	〔質量比〕
陽　子	+に帯電	a 個	1
中性子	帯電していない	c 個	1
電　子	−に帯電	a 個	1/1840

② 原子番号…陽子の数＝電子の数＝a

③ 質量数…陽子の数(a)＋中性子の数(c)＝b

質量数　→ b
原子番号→ a M ←元素記号

◉ 同位体…

$\begin{Bmatrix} 原子番号 \\ 陽子の数 \\ 元\quad素 \end{Bmatrix}$ が同じで $\begin{Bmatrix} 質\ 量\ 数 \\ 中性子の数 \\ 質\quad量 \end{Bmatrix}$ が互いに異なる原子

▶化学的性質はほとんど同じ

◉ 電子配置…電子は電子殻に配置，原則として**内側の電子殻から配置**。

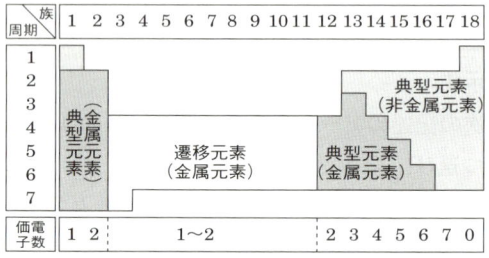

〔電子殻〕　〔最大電子数〕
K 殻 ⟹ $2(2×1^2)$
L 殻 ⟹ $8(2×2^2)$
M 殻 ⟹ $18(2×3^2)$
N 殻 ⟹ $32(2×4^2)$
O 殻 ⟹ $50(2×5^2)$

➡ 原子番号 1〜18 は完全に内側の電子殻から順に配置。

① 価電子…**最外殻に配置されている電子** ➡ 結合などに関係する電子。

② 希ガス…He, Ne, Ar など18族元素。安定な電子配置（He, Ne は**閉殻**）。
　(貴ガス)　　　　　　　　　　　　　　　　電子殻が最大電子数で満たされた状態
➡ ほとんど化合力なく，**価電子の数は 0**。

◉ 元素の周期表…元素を原子番号の順に並べると，周期的に類似の元素が現れるという**元素の周期律**に基づく表。

族\周期	1	2	3 4 5 6 7 8 9 10 11 12	13 14 15 16 17	18
1					
2	典型元素（金属元素）			典型元素（非金属元素）	
3					
4			遷移元素（金属元素）	典型元素（金属元素）	
5					
6					
7					
価電子数	1	2	1〜2	2 3 4 5 6 7	0

➡ **価電子の数の周期性**による。

① **典型元素**…同周期で原子番号が増すと，価電子数が増加。➡ 価電子数は，18族を除いて，**族の番号の下 1 桁の数に等しい**。

② **遷移元素**…同周期で原子番号が増すと，内側の電子殻の電子数がふえ，価電子数は 1 または 2。➡ 左右の元素が類似。すべて金属元素。

③ **陽性・陰性**…左側・下側ほど陽性が強く，陽イオンになりやすい。
右側・上側ほど陰性が強く，陰イオンになりやすい（18族を除く）。

★テストに出る重要ポイント

基本問題

30 原子の構造 テスト必出

次の表の空欄ア〜ケを埋めよ。

原子の記号	原子番号	陽子の数	電子の数	中性子の数	質量数
$^{23}_{11}Na$	ア	イ	ウ	エ	オ
カ	キ	17	ク	18	ケ

📖 ガイド 原子番号＝陽子の数＝電子の数

31 原子の構造・同位体

次のア〜オの原子について，(1)〜(3)の問いに答えよ。（Mは仮の元素記号）

ア $^{14}_{6}M$　　イ $^{14}_{7}M$　　ウ $^{16}_{8}M$　　エ $^{17}_{8}M$　　オ $^{19}_{9}M$

(1) 互いに同位体である原子はどれとどれか。

(2) 中性子の数が等しい原子はどれとどれか。

(3) 1つの原子の中で，陽子の数と中性子の数が等しい原子はどれか。

📖 ガイド 同位体は，互いに原子番号が等しい。

32 電子殻の最大電子数

次の表の空欄ア〜クの数値を記せ。

電子殻	K	L	M	N	O
最大電子数	2	イ	エ	カ	ク
	ア	ウ	オ	キ	2×5^2

33 電子配置

次のア〜オの電子配置をもつ原子について，下の(1)〜(3)の問いに答えよ。

ア イ  ウ 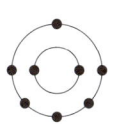 エ 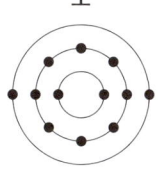 オ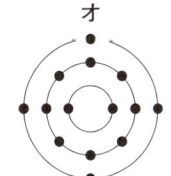

(1) L殻に2個の電子をもつ原子はどれか。

(2) ほとんど化合物をつくらない原子はどれか。

(3) 互いに同族元素の原子はどれとどれか。

34 元素の周期律

次のア～オのうち，原子番号の順に並べたとき，周期的に変化するものを選べ。
ア 電子の数　　イ 価電子の数　　ウ 質量数　　エ 中性子の数
オ 陽子の数

35 元素の周期表

右の図は元素の周期表の概略図である。下の(1)～(3)にあてはまるものをア～カから，(4)，(5)にあてはまるものをa～fから選び，記号で答えよ。

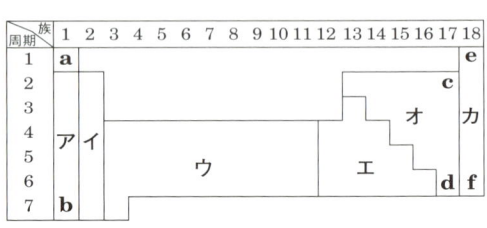

- (1) 希ガス　　　□(2) 遷移元素　　　□(3) 非金属元素
- (4) 最も陽性が強い元素　　□(5) 最も陰性が強い元素

応用問題　　　　　　　　　　　　　　　　　　　　　解答 ➡ 別冊 p.8

36 〈差がつく〉 次のア～オの記述のうち，誤っているものを2つ選べ。

ア 同じ元素の原子で，陽子の数が異なるものがある。
イ 質量数が17，18で，中性子の数がそれぞれ9，10の原子は，互いに同位体である。
ウ ^1_1H の質量は，陽子の質量にほぼ等しい。
エ 同位体は，質量は異なるが，化学的性質はほとんど等しい。
オ 同じ元素の原子は，原子番号や質量が互いに同じである。

37 次の数値は，各原子の原子番号である。(1)～(5)の問いにア～キで答えよ。

ア 5　イ 8　ウ 9　エ 10　オ 11　カ 12　キ 19

- (1) 最外殻電子がM殻にある原子をすべて示せ。
- (2) 価電子の数が0である原子はどれか。
- (3) 互いに同族元素である原子はどれとどれか。
- (4) 最も陽イオンになりやすい原子はどれか。
- (5) 最も陰イオンになりやすい原子はどれか。

📖ガイド　(3)典型元素では，価電子の数が同じ原子は同族元素である。

5 原子の構造と電子配置

38 次の(1)～(3)のうち，正しいものには○，誤りを含むものには×を記せ。
- (1) 同位体は，互いに化学的性質はほぼ等しい。
- (2) 同位体は，互いに同じ元素であり，質量も等しい。
- (3) 同位体は，その物質が反応しても原子番号や質量は変わらない。

39 価電子がM殻に2個ある原子について，次の(1)～(3)の問いに答えよ。
- (1) この原子の原子番号はいくらか。
- (2) この原子は，典型元素・遷移元素のどちらか。
- (3) この原子は，金属元素・非金属元素のどちらか。

40 表はA～G 7つの元素の原子の電子配置を示したものである。(1)～(5)にA～Gで答えよ。

	A	B	C	D	E	F	G
K	2	2	2	2	2	2	2
L	2	6	8	8	8	8	8
M			3	6	8	8	9
N						1	2

- (1) 希ガス原子はどれか。
- (2) 互いに同族元素はどれとどれか。
- (3) この元素のうちで，最も陽イオンになりやすいものはどれか。
- (4) 周期表の第2周期の元素はどれか。すべて示せ。
- (5) 2価の陰イオンになったとき，Arと同じ電子になるものはどれか。

41 ◀差がつく 右の表は，元素の周期表の一部であり，a～pは仮の元素記号である。次の問いに答えよ。

族＼周期	1	2	13	14	15	16	17	18
2	a	b	c	d	e	f	g	h
3	i	j	k	l	m	n	o	p

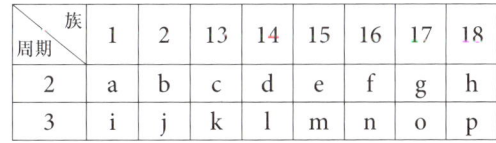

- (1) nの原子番号はいくらか。
- (2) 右の図の原子モデルア～オにあてはまるものを，表中の仮の元素記号a～pで示せ。 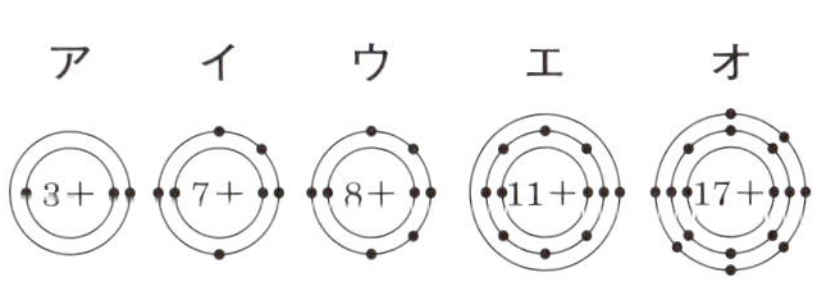
- (3) 次の①～④の元素の電子配置を，K殻，L殻，M殻，…の電子数で示せ。

  ① b ② f ③ i ④ p
- (4) 原子番号2の元素と性質が似ている元素をa～pよりすべて選べ。
- (5) jが安定なイオンとなったときと同じ電子数の原子をa～pより選べ。
- (6) oの質量数が37である原子の中性子の数はいくらか。

6 イオン結合とその結晶

テストに出る重要ポイント

- **イオン**…原子が電子を授受することによって生成。
  ① 陽イオン…原子が価電子を放出して正に帯電 ⎫ 希ガスと同じ
  　陰イオン…原子が電子を受け取って負に帯電 ⎭ 電子配置
  ② イオンの価数…イオンになるとき出入りした電子の数 ➡ 1価, 2価, …
  　➡ イオンの電子の数 ｛陽イオン：原子番号－価数
  　　　　　　　　　　　　陰イオン：原子番号＋価数
  ③ 単原子イオン…1個の原子からできたイオン　例 Na^+, Ca^{2+}, Cl^-
  　多原子イオン…複数の原子からできたイオン　例 NH_4^+, SO_4^{2-}
  ④ **イオン化エネルギー**…原子から電子1個を取り去って1価の陽イオンにするのに要するエネルギー ➡ イオン化エネルギーが小さいほど陽イオンになりやすい。周期表の左側・下側の元素ほど小さい。
  ⑤ **電子親和力**…原子が電子を受け取って1価の陰イオンになるとき放出するエネルギー ➡ 電子親和力が大きいほど陰イオンになりやすい。18族を除いて周期表の右側の元素ほど大きい。
  ⑥ **イオン半径**…同族元素のイオンでは，原子番号が大きいほど大きい。同じ電子配置のイオンでは，原子番号が大きいほど小さい。

- **イオン結合**…陽イオンと陰イオン間の静電気的な結合 ➡ 一般に，金属元素と非金属元素の原子間の結合。

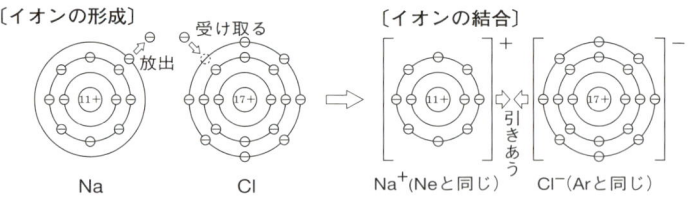

- **イオン結晶**…陽イオンと陰イオンが交互に並び，イオン結合からなる結晶 ➡ 融点が高く，かたくてもろい。**固体では電気を通さないが，加熱融解したり，水溶液にすると電気を通す。**

- **組成式**…物質を構成する原子やイオンの種類とその数の比を表した式。
  ▶ イオン結晶の組成式…陽イオンと陰イオンの数の間の関係は，
  　(陽イオンの価数)×(陽イオン数)＝(陰イオンの価数)×(陰イオン数)

6 イオン結合とその結晶

基本問題

解答 → 別冊 p.9

42 イオンの形成とイオン結合
次の文中の( )に適する語句・数値を入れよ。

ナトリウム原子は価電子が(ア)個であり，この価電子を放出すると，1価の陽イオンとなり，安定な希ガスの(イ)と同じ電子配置になる。一方，塩素原子は価電子が(ウ)個であり，電子1個を受け入れると，1価の陰イオンとなり，安定な希ガスの(エ)と同じ電子配置になる。塩化ナトリウムの結晶は，これらのイオンの電気的引力による(オ)結合でできている。

43 イオンの価数と電子数 ◀テスト必出
次の原子ア〜カについて，あとの(1)〜(4)の問いに答えよ。
ア $_4$Be　　イ $_9$F　　ウ $_{11}$Na　　エ $_{13}$Al　　オ $_{16}$S
カ $_{20}$Ca

- (1) 1価の陽イオンになりやすいものと，そのイオンの電子の数を答えよ。
- (2) 1価の陰イオンになりやすいものと，そのイオンの電子の数を答えよ。
- (3) 2価の陰イオンになりやすいものと，そのイオンの電子の数を答えよ。
- (4) 3価の陽イオンになりやすいものと，そのイオンの電子の数を答えよ。

📖 ガイド　イオンの電子数は，陽イオン；原子番号－価数　　陰イオン；原子番号＋価数

44 イオンの電子配置 ◀テスト必出
下の原子ア〜カのうち，安定なイオンになったとき(1)〜(3)と同じ電子配置となるものをすべて選び，ア〜カで答えよ。
- (1) He　　(2) Ne　　(3) Ar

ア $_3$Li　　イ $_8$O　　ウ $_{11}$Na　　エ $_{12}$Mg　　オ $_{17}$Cl　　カ $_{19}$K

45 イオン化エネルギーと電子親和力
次は原子番号1〜12までの元素である。この元素について(1)〜(3)にあてはまるものを元素記号で答えよ。

H　He　Li　Be　B　C　N　O　F　Ne　Na　Mg

- (1) イオン化エネルギーが最も小さい。
- (2) イオン化エネルギーが最も大きい。
- (3) 電子親和力が最も大きい。

46 イオン半径の大小
次の各組み合わせのイオンについて，イオン半径の大きい方から順に記せ。
- (1) Na^+, Li^+, K^+
- (2) Br^-, F^-, Cl^-
- (3) Mg^{2+}, Al^{3+}, Na^+
- (4) F^-, Na^+, O^{2-}
- (5) Cl^-, F^-, S^{2-}
- (6) S^{2-}, Na^+, O^{2-}

📖 ガイド　イオン半径の大小は，同族また同じ電子配置のイオンに着目する。

47 イオン結晶
次のイオン結晶に関するア～エの記述のうち，誤りを含むものはどれか。
ア　イオン結晶の融点は，かなり高いものが多い。
イ　イオン結晶の固体は，電気をよく通す。
ウ　イオン結晶の水溶液は，電気をよく通す。
エ　イオン結晶は，かたいがもろい。

48 イオン結晶の組成式　◀テスト必出
次の表の空欄ア～クに，例のように組成式を記せ。

	Na^+	Mg^{2+}	Fe^{3+}
Cl^-	例 NaCl	ウ	カ
SO_4^{2-}	ア	エ	キ
PO_4^{3-}	イ	オ	ク

応用問題　　解答 ➡ 別冊 p.11

49
次のア～オのうち，陽イオンと陰イオンの電子配置が同じものはどれか。
ア　NaCl　　イ　KF　　ウ　KCl　　エ　CaF_2　　オ　$MgCl_2$

50 ◀差がつく
次の a ～ h は仮の元素記号であり，同じ周期に属する元素である。数値はそれぞれの第一イオン化エネルギー(単位；kJ/mol)を示している。これについて(1)～(3)の問いに a ～ h で答えよ。

	a	b	c	d	e	f	g	h
イオン化エネルギー	1000	577	494	1013	1519	736	1255	787

- (1) 最も陽イオンになりやすい元素はどれか。
- (2) 希ガスが1つ含まれている。どれか。
- (3) 電子親和力が最大の元素はどれか。

51 アルミニウムイオン $^{27}_{13}Al^{3+}$ に関する次の記述ア〜オのうち，誤っているものをすべて選び，ア〜オで答えよ。

ア 陽子の数は13である。　　イ 電子の数は13である。
ウ 中性子の数は14である。　　エ イオンの価数は3である。
オ 電子配置はArと同じである。

52 次の原子あるいはイオンの組み合わせア〜オにおいて，電子配置がすべて同じ組み合わせを選び，ア〜オで答えよ。

ア F^-, Cl^-, Ne　　イ Ca^{2+}, Br^-, Ar　　ウ K^+, S^{2-}, Cl^-
エ Na^+, K^+, F^-　　オ H^+, Li^+, He

53 質量数59のコバルト原子 Co がコバルト(Ⅱ)イオン Co^{2+} になるとき，そのイオンのもつ電子の数は25個になる。コバルト原子の陽子の数，中性子の数および電子の数をこの順に並べたとき，次の組み合わせの中から正しいものを選び，ア〜カで答えよ。

ア 23，30，23　　イ 23，30，25　　ウ 23，34，25
エ 25，28，27　　オ 23，34，27　　カ 27，32，27

54 次は原子 A〜G の原子番号である。(1)〜(4)の問いに答えよ。なお，A〜Gは仮の元素記号とし，(1)〜(3)はA〜Gで答えよ。

A：6　　B：8　　C：9　　D：11　　E：16
F：19　　G：20

(1) イオン化エネルギーの最も小さい原子はどれか。
(2) 電子親和力の最も大きい原子はどれか。
(3) 安定なイオンになったとき，Arと同じ電子配置となる原子をすべて選び，記号で答えよ。
(4) 次のア〜カの化合物のうち，イオン結晶である化合物をすべて選び，記号で答えよ。

ア AB_2　　イ GB　　ウ DC　　エ GC_2
オ EB_2　　カ FC

7 共有結合とその結晶

テストに出る重要ポイント

- **共有結合**…原子が互いにいくつかの価電子を共有する結合 ➡ **非金属元素の原子間の結合** ➡ それぞれの原子は希ガスと同じ電子配置となる。
  ① **電子式**…元素記号のまわりに電子を点で示す。
  ② **不対電子**…1個のままで存在する電子。
  　 電子対…電子2個が対になったもの。

- **分子の形成**…いくつかの原子が共有結合によって結合して分子をつくる。

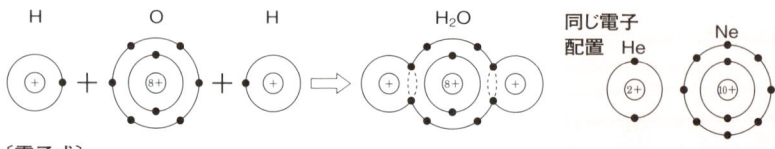

〔電子式〕

$$H\cdot + \cdot\ddot{\underset{..}{O}}\cdot + \cdot H \longrightarrow H:\ddot{\underset{..}{O}}:H$$

不対電子　不対電子　　共有電子対　非共有電子対

  ① **分子式**…元素記号と原子数を用いて分子を表す式。
  ② **構造式**…分子中の共有電子対を1本の線(**価標**という)で示した式
    ➡ 1組の共有電子対を**単結合**，2組の共有電子対を**二重結合**

  〔例〕メタン CH_4　H:C:H H−C−H　二酸化炭素 CO_2　:Ö::C::Ö:　O=C=O

  ③ **原子価**…1個の原子から出ている価標の数。H；1，O；2，C；4
  ④ **分子の形**…H_2O；折れ線形　CO_2；直線形　CH_4；正四面体形
    NH_3；三角錐形

- **配位結合**…非共有電子対をほかの原子が共有する共有結合。
  ① アンモニウムイオン・オキソニウムイオン

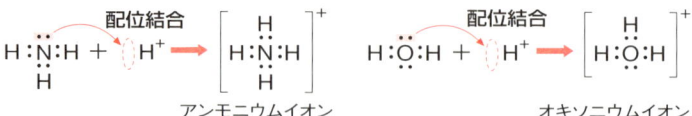

  ② **錯イオン**…金属イオンに分子やイオンが配位結合してできたイオン。
    └ $[Cu(NH_3)_4]^{2+}$, $[Ag(NH_3)_2]^+$ など

- **分子結晶**…分子が分子間力によって規則的に並んだ結晶。
    └ ドライアイス, ヨウ素など
  ➡ **やわらかく，融点が低い。**

- **共有結合の結晶**…多数の原子が共有結合してできた結晶。➡ **融点が高い。**
  ① C…ダイヤモンド；硬く，電導性なし。　黒鉛；やわらかく，電導性。
  ←正四面体形が連続した網目構造　　　　　←網目状の平面構造
  ② Si…単体；ダイヤモンドと同じ構造。　SiO_2；石英や水晶など
- **高分子化合物**…分子量が1万以上の化合物。
  合成高分子化合物の例；ポリエチレン，ポリエチレンテレフタラート

基本問題

解答 ➡ 別冊 p.11

55　共有結合　◀テスト必出

次のア～カの物質のうち，原子間の結合が共有結合であるものをすべて選べ。
ア　二酸化炭素 CO_2　　　イ　ダイヤモンド C
ウ　水 H_2O　　　　　　　エ　塩化ナトリウム NaCl
オ　アンモニア NH_3　　　カ　酸化カルシウム CaO

📖 ガイド　共有結合は非金属元素の原子間の結合である。

56　分子の形成と共有結合

次の文中の（　）に適する語句・数値を入れよ。
　水分子 H_2O は，酸素原子1個と水素原子2個が（　ア　）を出し合い，共有し合って結合している。この結果，酸素原子の最外殻に（　イ　）個の電子が入り，（　ウ　）原子と同じような電子配置となり，それぞれの水素の（　エ　）殻には（　オ　）個の電子が入って（　カ　）原子と同じような電子配置となって安定している。このような原子間の結合を（　キ　）結合という。

57　電子式

次のア～キの電子式のうち，誤りのあるもの3個を選べ。

ア　H:C:H (H上下)　　イ　H:Ö:H　　ウ　:Ö::C::Ö:
エ　H·S:H　　　　　　オ　Na^+:Cl:$^-$　　カ　:N::N:
キ　H:N:H (H上)

📖 ガイド　原子のまわりに，電子・がH原子は2個，他の原子は8個。

58 非共有電子対と三重結合 ◀テスト必出

次のア〜オの分子について、あとの各問いに答えよ。

ア N_2　　イ NH_3　　ウ CH_4　　エ H_2O　　オ CO_2

- (1) 非共有電子対をもたない分子をすべて選べ。
- (2) 非共有電子対を2対もつ分子をすべて選べ。
- (3) 三重結合をもつ分子をすべて選べ。

59 電子式と構造式 ◀テスト必出

次の(1)〜(6)の分子の電子式と構造式をかけ。

- (1) 塩化水素 HCl
- (2) アンモニア NH_3
- (3) メタン CH_4
- (4) 二酸化炭素 CO_2
- (5) 窒素 N_2
- (6) メタノール CH_3OH

60 配位結合

次のア〜ウの文のうち、誤っているものはどれか。

ア　配位結合は共有結合の一種である。
イ　CH_4 も H^+ と配位結合できる。
ウ　錯イオンは配位結合を含む。

61 共有結合の結晶

次の(1)〜(3)にあてはまる性質を、あとのア〜カからすべて選べ。

- (1) ダイヤモンドと黒鉛の共通の性質
- (2) ダイヤモンドの性質
- (3) 黒鉛の性質

ア　無色・透明　　イ　黒色・不透明　　ウ　非常に硬い
エ　融点が高い　　オ　電気を通す　　　カ　炭素からなる

応用問題　　　　　　　　　　　　　　解答 ➡ 別冊 *p.13*

62 ◀差がつく

次の(1)〜(7)にあてはまるのを、あとのア〜キからすべて選べ。

- (1) 1対の非共有電子対をもつ。
- (2) 2対の非共有電子対をもつ。
- (3) 3対の共有電子対をもつ。
- (4) 4対の共有電子対をもつ。
- (5) 二重結合をもつ。
- (6) 三重結合をもつ。
- (7) 配位結合をもつ。

ア　アンモニア　　イ　アンモニウムイオン　　ウ　水　　エ　窒素
オ　メタン　　　　カ　メタノール　　　　　　キ　二酸化炭素

7 共有結合とその結晶

63 次の(1), (2)の条件を満たす分子の構造式をすべてかけ。
- (1) C原子2個にH原子が結合している(H原子の数はいくつでもよい)。
- (2) 分子式がC_2H_6Oで表される。

📖 ガイド 原子価は, Hが1, Oが2, Cが4である。

64 次の各問いに答えよ。
- (1) 次のア〜エのうち, 共有結合の結晶の組み合わせはどれか。
  - ア 二酸化炭素と二酸化ケイ素
  - イ 二酸化炭素とダイヤモンド
  - ウ ダイヤモンドと二酸化ケイ素
  - エ ケイ素とフラーレン
- (2) 次のア〜エのうち, 配位結合を含むイオンの組み合わせはどれか。
  - ア SO_4^{2-}, NH_4^+
  - イ H_3O^+, $[Fe(CN)_6]^{3-}$
  - ウ $[Cu(NH_3)_4]^{2+}$, CO_3^{2-}
  - エ HPO_4^{2-}, CH_3COO^-

📖 ガイド 錯イオンは配位結合を含む。

65 分子構造が次の(1)〜(3)にあてはまるものを, あとのア〜クからすべて選べ。
- (1) 折れ線形
- (2) 三角錐形
- (3) 正四面体形

  ア NH_3　　イ CO_2　　ウ CCl_4　　エ H_2S
  オ C_2H_4　　カ H_2O　　キ PH_3　　ク CH_4

📖 ガイド 化合物の形は, 中心の原子の価電子の数で決まる。

66 次の(1)〜(4)にあてはまるものを, あとのア〜ケから2つずつ選べ。
- (1) 分子結晶
- (2) 共有結合の結晶の単体
- (3) 共有結合の結晶の化合物
- (4) 配位結合からなるイオン結晶

  ア ダイヤモンド　　イ 石英　　ウ 食塩
  エ ナフタレン　　オ 塩化アンモニウム　　カ ドライアイス
  キ 水晶　　ク ヘキサシアノ鉄(Ⅱ)酸カリウム　　ケ 黒鉛

67 次の文の( )に適する語句または記号・数値を記せ。

単体のケイ素の結晶では, ケイ素原子が互いに(ア)結合で結ばれており, 1個の結晶全体を巨大な(イ)とみなすことができる。1つ1つのケイ素原子は(ウ)の中心に位置し, それに結合した(エ)個のケイ素が(ウ)の頂点を占める構造をとっている。ケイ素の結晶を溶融するには, 強い(ア)結合をこわす必要があるので, その融点は高い。

8 分子の極性と分子間の結合

◉ 電気陰性度と結合の極性

① 電気陰性度…原子間の結合で，原子が共有電子対を引きつける強さを表す数値。➡ 周期表の右側(18族を除く)，上側の元素ほど大きい。
▶電気陰性度の大きい元素ほど陰性が強く，陰イオンになりやすい。

② 結合の極性…異なる元素の原子間の結合では，電気陰性度の大きい原子側に共有電子対がかたよるので，結合に電荷のかたよりが生じる。この電荷のかたよりを極性という。

◉ 分子の極性

① ┃無極性分子…分子全体として，電気的にかたよりがない分子。
　 ┃極性分子…分子全体として，電気的にかたよりがある分子。
　　▶単体は無極性分子であり，二原子分子の化合物は極性分子である。

② 分子の形と極性…立体的に対称でない分子が極性分子。
　▶CH_4；正四面体形，CO_2；直線形 ➡ 無極性分子
　▶NH_3；三角錐形，H_2O；折れ線形 ➡ 極性分子

CH_4 正四面体形　　　CO_2 直線形　　　NH_3 三角錐形　　　H_2O 折れ線形

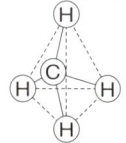 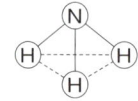 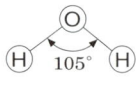

▣ 分子間の結合　[発展]

① 分子間力…分子間にはたらく弱い引力 ➡ イオン結合や共有結合より結合力がはるかに弱い。

② ファンデルワールス力…すべての分子の分子間にはたらく引力。
➡ 構造が同じような分子では分子量が大きいほど強く，沸点が高い。
　　└たとえば同じ17族元素の単体であるF_2とCl_2

③ 水素結合…電気陰性度の大きい元素の水素化合物の分子間に生じる引力。ファンデルワールス力よりは結合力が強いが，共有結合ほどは強くない。➡ 分子量から予想される沸点に比べて，異常に高い。
➡ HF，H_2O，NH_3

④ 水の特性…沸点・融点が高い。さまざまな物質を溶かす。氷(固体)の密度は水(液体)より小さい。➡ 水の特性は水素結合による。

基本問題

68 電気陰性度と極性の大小
次の各問いに答えよ。
- (1) 次のア～オの元素のうち,電気陰性度が最も大きいものはどれか。
  ア N　　イ C　　ウ O　　エ S　　オ P
- (2) 次のア～エの結合のうち,結合の極性が最も大きいものはどれか。
  ア H－Cl　　イ H－I　　ウ H－F　　エ H－Br

69 分子の形と極性 ◀テスト必出
次の(1)～(5)にあてはまる分子を,あとのア～クからすべて選べ。
- (1) 直線形の無極性分子
- (2) 直線形の極性分子
- (3) 折れ線形の極性分子
- (4) 三角錐形の極性分子
- (5) 正四面体形の無極性分子

　ア N_2　　イ CH_4　　ウ HCl　　エ H_2O
　オ NH_3　　カ CO_2　　キ H_2S　　ク CCl_4

70 分子からなる物質の沸点 ◀テスト必出 発展
次の(1)～(7)の物質を,それぞれ沸点の高い順に並べよ。
- (1) Br_2, Cl_2, I_2
- (2) C_2H_6, CH_4, C_3H_8
- (3) HCl, HF, HBr
- (4) H_2O, H_2Se, H_2S
- (5) SiH_4, CH_4, GeH_4
- (6) AsH_3, NH_3, PH_3
- (7) Ne, Ar, He

71 水の性質 発展
次の記述ア～エのうち,誤りを含むものはどれか。
- ア　水はイオン結晶をよく溶かすが,分子からなる物質は溶かさない。
- イ　氷が水に浮かぶのは,氷のほうが水より密度が小さいからである。
- ウ　水の沸点は,分子量に比較して異常に高い。
- エ　水が他の物質と異なる性質の多くは水素結合と関係している。

72 水分子の間にはたらく力 [発展]

次の文中の（　）に適する語句を，あとのア〜サから選べ。

水はメタンとあまり（ a ）が違わないが，常温でメタンは気体であるのに水は液体である。

水分子内の水素原子と酸素原子は（ b ）をしているが，水分子は（ c ）をもち，分子間では（ d ）を形成して（ e ）が強くなるので，沸点は（ a ）と比較すると異常に高い。

水分子が（ c ）をもつのは，分子内で（ f ）がかたよっているためで，これは水素と酸素の（ g ）が異なり，また，非対称である（ h ）の分子構造をもつためである。

- ア　電気陰性度
- イ　電荷
- ウ　水和
- エ　極性
- オ　分子間の引力
- カ　イオン結合
- キ　共有結合
- ク　水素結合
- ケ　分子量
- コ　折れ線形
- サ　化合

応用問題

解答 → 別冊 p.15

73
次の表は，さまざまな元素の電気陰性度を示している。あとのア〜エの物質を，原子間の結合の極性の大きい順に並べよ。

元素	H	O	F	Na	Mg	Cl
電気陰性度	2.1	3.5	4.0	0.9	1.2	3.0

- ア　HCl
- イ　MgO
- ウ　NaF
- エ　Cl_2

📖 ガイド　電気陰性度の差から判断する。

74 〈差がつく〉
次の(1), (2)にあてはまる物質の組み合わせを，あとのア〜キから選べ。

- (1) ともに無極性分子である。
- (2) ともに極性分子である。

- ア　H_2O, CH_4
- イ　NH_3, C_2H_6
- ウ　CH_3Cl, H_2S
- エ　CH_3OH, Cl_2
- オ　Cl_2, CCl_4
- カ　SiH_4, HCl
- キ　CO_2, PH_3

📖 ガイド　CとSi，NとP，OとSは同族であり，化合物は同じ形の分子となる。

75 [発展] A_1〜A_4, B_1〜B_4, C_1〜C_4は，それぞれ14族，16族，17族の各周期の元素の水素化合物である。

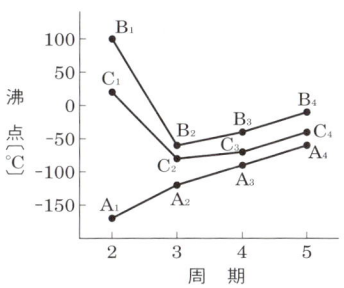

- (1) A_1, B_1, C_1を化学式で表せ。
- (2) B_1, C_1の沸点が高い理由を説明せよ。
- (3) 第3周期以降では，周期が大きくなるほど沸点が高くなっている。これはなぜか。この理由を説明せよ。

76 次の①〜③文章中のA〜Cにあてはまる物質を，あとのア〜カから選べ。
① A, B, Cは，いずれも共有結合からなる分子であり，四面体形の構造をしている。
② Aは極性分子であるが，BとCは無極性分子である。
③ AとBはどちらとも非共有電子対をもっているが，Cは非共有電子対をもっていない。

ア CCl_4　　イ H_2S　　ウ NH_4Cl　　エ CH_4
オ CH_3Cl　　カ CO_2

77 [発展] 次のア〜カは，化学結合における極性についての記述である。正しいものはどれか。2つ選べ。
ア 電荷のかたよりのある分子を極性分子という。一般に，電気陰性度の差の大きい原子間の結合ほど電荷のかたよりが小さい。
イ フッ化水素HFや水H_2Oは，水素結合を形成するが，塩化水素HClや硫化水素H_2Sは，水素結合を形成しない。
ウ 無極性分子としては，二酸化炭素や塩化水素がある。
エ メタンは正四面体構造であり，各C-H結合に極性があるため，極性分子である。
オ アンモニア分子は，窒素原子側に非共有電子対が3つあるため，アンモニア分子は大きな極性をもつ。
カ 水分子がナトリウムイオンや塩化物イオンと強く引き合うのは，水分子が極性をもつためである。

9 金属結合と金属

テストに出る重要ポイント

- **金属結合**…多数の金属原子が，自由に動ける<u>自由電子</u>を共有する結合。
  ➡ 金属元素の原子間の結合。
  ▶価電子が自由電子となっている。
- **金属結晶**…金属原子が金属結合により，規則正しく配列した結晶。
  ▶性質…<u>金属光沢</u>がある。<u>展性・延性</u>に富む。<u>電気や熱をよく通す</u>。
  ➡ これらの性質は，いずれも自由電子による。
- **金属の結晶構造**…次の3種類がある。[発展]

単位格子	体心立方格子	面心立方格子	六方最密構造
	▶たとえば Li, Na, K	▶たとえば Al, Ni, Cu	▶たとえば Mg, Zn
配 位 数	8	12	12
単位格子中の原子数	2	4	2

▶<u>配位数</u>…1つの原子に接している原子の数。
▶原子の詰まりぐあい(充填率)は，

　　　<u>体心立方格子＜面心立方格子＝六方最密構造</u>
　　　　↑充填率68%　　　↑これも最密構造の1つ(充填率74%)

▶単位格子の一辺を l [cm]，金属結合の半径を r [cm] とすると，

　　体心立方格子 ➡ $(4r)^2 = 3l^2$ ➡ $r = \dfrac{\sqrt{3}}{4}l$

　　面心立方格子 ➡ $(4r)^2 = 2l^2$ ➡ $r = \dfrac{\sqrt{2}}{4}l$

基本問題　　　　　　　　　　　　　　　解答 ➡ 別冊 p.15

78 金属の性質

次のア～エの文のうち，金属にあてはまらないものはどれか。
ア　光沢がある。　　　　　イ　常温ですべて固体である。
ウ　電気伝導性がある。　　エ　展性・延性がある。

79 単位格子中の原子数と配位数 〔発展〕

ナトリウムの結晶は体心立方格子であり，銅の結晶は面心立方格子である。次の(1)，(2)の問いに答えよ。

(1) ナトリウムおよび銅の単位格子中には，それぞれ何個の原子が含まれるか。
(2) ナトリウム原子および銅原子に隣接するそれぞれの原子は何個か。

80 面心立方格子と体心立方格子 〔発展〕

次のア～エの文のうち，正しいものをすべて選べ。
ア 面心立方格子のほうが体心立方格子よりも単位格子中の原子数が多い。
イ 面心立方格子と体心立方格子では，1つの原子に接する原子の数が等しい。
ウ 同じ体積で比べると，面心立方格子よりも体心立方格子のほうが，原子が密に詰めこまれている。
エ 面心立方格子と体心立方格子は，ともに単位格子の中にすき間がある。

81 面心立方格子 〔発展〕

ある金属の結晶構造は面心立方格子であり，単位格子の一辺は3.5×10^{-8} cm である。

次の(1)，(2)の問いに答えよ。ただし，$\sqrt{2} = 1.4$ とする。

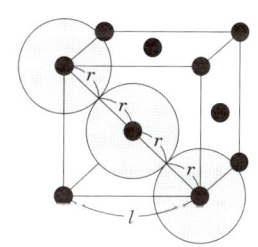

(1) 単位格子中の原子の数は何個か。
(2) この金属の結合半径(右図の r)を求めよ。
📖 ガイド　図より単位格子の面の対角線が $4r$ に等しい。また図の l が 3.5×10^{-8} cm である。

応用問題　　　　　　　　　　　　　　　　　　　　　解答 → 別冊 p.16

82 次のア～オの金属の性質のうち，自由電子と関係がないものはどれか。

ア 光沢があり，不透明である。　　イ 展性・延性に富んでいる。
ウ 熱・電気をよく伝える。　　　　エ 水溶液中の Na^+ は無色である。
オ 融点の高いものが多い。
📖 ガイド　自由電子は，金属原子が結合しているときに関係する。

83 【差がつく】【発展】同じ金属元素の結晶格子が、次のア〜ウのように変化した。あとの各問いに答えよ。

　ア　体心立方格子から面心立方格子　　イ　面心立方格子から体心立方格子
　ウ　面心立方格子から六方最密構造

□(1)　密度が大きくなったのはどれか。
□(2)　密度が変わらなかったのはどれか。

📖ガイド　充填率(または配位数)の違いに着目する。

84 【発展】カリウムの結晶は、右図の単位格子からできている。次の(1)、(2)の問いに答えよ。ただし、$\sqrt{3}=1.7$ とする。

カリウムの単位格子

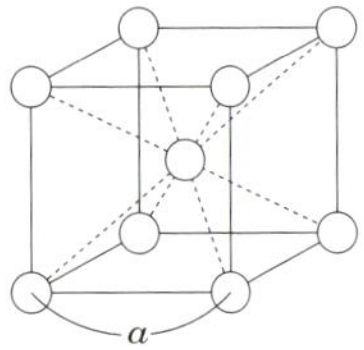

□(1)　この単位格子を何とよぶか。
□(2)　単位格子の一辺の長さは $a = 4.0 \times 10^{-8}$ cm である。互いに接している最も近い2つの原子の中心間の距離は何 cm か。

📖ガイド　互いに接している最も近い2つの原子の中心間の距離は、金属結合半径 r の2倍に等しい。

85 【発展】鉄は通常は体心立方格子の α 鉄の結晶であるが、911℃以上に加熱した後に急冷すると、面心立方格子の γ 鉄の結晶に変化する。次の(1)〜(4)の問いに答えよ。ただし、単位格子は右図のようであり、単位格子の一辺の長さは、α 鉄が 0.29 nm、γ 鉄が 0.36 nm、また $\sqrt{2}=1.4$、$\sqrt{3}=1.7$ とする。

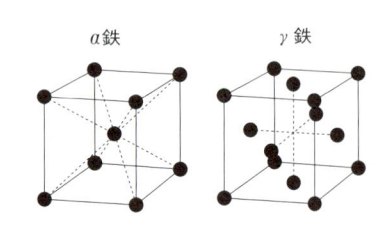

α 鉄　　γ 鉄

□(1)　α 鉄、γ 鉄の単位格子中の原子の数は、それぞれ何個か。
□(2)　α 鉄、γ 鉄の1つの原子に接している原子の数は、それぞれ何個か。
□(3)　α 鉄と γ 鉄のうち、結合距離(最も接する鉄原子どうしの距離)は、どちらが短いか。
□(4)　α 鉄と γ 鉄の密度を比較すると、どちらが大きいか。

📖ガイド　(3)「テストに出る重要ポイント」の r と l の関係式に代入する。
　　　　　(4) 密度 = $\dfrac{質量}{体積}$　体積 = (辺の長さ)^3

10 原子量・分子量と物質量

> **テストに出る重要ポイント**
>
> ◎ **原子量と分子量・式量**
>
> ① **原子量と同位体**…原子量は ^{12}C の**質量を12**とし，それを基準にした同位体の相対質量を，同位体の存在比に基づき平均した相対質量。
>
> $$原子量 = M_1 \times \frac{X_1}{100} + M_2 \times \frac{X_2}{100} + \cdots \quad \begin{array}{l} M_i ; 同位体の相対質量 \\ X_i ; 同位体の存在比〔\%〕 \end{array}$$
>
> ② **分子量・式量**…分子式・組成式・イオン式の構成原子の原子量の総和。
>
> ◎ **物質量**…原子量・分子量・式量に g 単位をつけた質量の中には，6.0×10^{23} 個の粒子が含まれる。**6.0×10^{23} 個の粒子の集団を 1 mol** とする。
>
> ┌ アボガドロ定数；物質 1 mol あたりの粒子数　$N_A = 6.0 \times 10^{23} /mol$
> └ モル質量；物質 1 mol あたりの質量〔g/mol〕
>
> $$物質量 = \frac{質量}{モル質量} \qquad 物質量 = \frac{粒子数}{アボガドロ定数}$$
>
> ◎ **物質量と気体**…**アボガドロの法則**「同温・同圧で，同数の分子を含む気体は，気体の種類に関係なく，同体積を占める。」
>
> ➡ 標準状態（0℃，1.013×10^5 Pa）で，1 mol の気体は **22.4 L** を占める。← モル体積という。
>
> $$物質量 = \frac{体積〔L〕}{22.4} \quad （標準状態の気体）$$
>
> 標準状態で 22.4 L の気体の質量 = （分子量）g ➡ 分子量が求められる。

基本問題　　　　　　　　　　　　　　　　　　　　　　解答 ➡ 別冊 *p.17*

86　分子量・式量

次の各物質の分子量または式量を求めよ。ただし，原子量は H=1.0，C=12，N=14，O=16，S=32 とする。

□ ① 二酸化炭素 CO_2　　□ ② プロパン C_3H_8　　□ ③ グルコース $C_6H_{12}O_6$
□ ④ 硫酸アンモニウム $(NH_4)_2SO_4$　　□ ⑤ 硝酸イオン NO_3^-

87　原子量　◀テスト必出

天然の銅は，$^{63}_{29}Cu$ と $^{65}_{29}Cu$ の 2 種類の同位体からなる。その相対質量は，それぞれ 62.9，64.9 で，存在比は 69.2％，30.8％ である。銅の原子量を求めよ。

88 式量

ある金属の臭化物 MBr_3 の式量を X とする。この金属の酸化物 M_2O_3 の式量として正しいものを選べ。(原子量；O = 16, Br = 80)

ア $X - 432$　　イ $X - 216$　　ウ $X - 192$　　エ $2X - 432$
オ $2X - 216$　　カ $2X - 192$

例題研究 **1.** 次の(1), (2)の問いに答えよ。ただし，原子量 H = 1.0, C = 12, アボガドロ定数 $N_A = 6.0 \times 10^{23}$/mol とする。

(1) メタン CH_4 1.6g について，次の **a**, **b** を求めよ。
　　a；含まれるメタン分子の数　　**b**；標準状態の体積(単位；L)
(2) 標準状態で，密度が 1.43 g/L の気体の分子量を求めよ。

[着眼] (1) まず，物質量を求めて，分子数・気体の体積に換算する。
　　　(2) 22.4L の質量 = 1 mol の質量 = (分子量)g

[解き方] (1) メタンの分子量が $CH_4 = 16$ より，メタンのモル質量は 16 g/mol
　よって，物質量は $\dfrac{1.6\,g}{16\,g/mol} = 0.10\,mol$
　a；6.0×10^{23}/mol $\times 0.10$ mol $= 6.0 \times 10^{22}$
　b；22.4 L/mol $\times 0.10$ mol $= 2.24$ L $\fallingdotseq 2.2$ L
(2) 1L の質量が 1.43g であるから，22.4L の質量は，
　1.43 g/L $\times 22.4$ L $\fallingdotseq 32.0$ g　よって，分子量は 32.0

答 (1) **a**；6.0×10^{22} 個　**b**；2.2 L　(2) 32.0

---

89 質量と物質量

エタノール C_2H_6O が **2.3 g** ある。次の(1)〜(3)に答えよ。(原子量；H = 1.0, C = 12, O = 16, アボガドロ定数 $N_A = 6.0 \times 10^{23}$/mol)

☐ (1) このエタノールの物質量は何 mol か。
☐ (2) このエタノール中にはエタノール分子何個含まれるか。
☐ (3) このエタノール中の炭素原子，水素原子，酸素原子は，合わせて何 mol か。

90 原子・分子・イオンの質量

次の(1)〜(3)の質量を求めよ。(原子量；H = 1.0, C = 12.0, O = 16.0, Na = 23.0, アボガドロ定数 $N_A = 6.0 \times 10^{23}$/mol)

☐ (1) 炭素原子 1 個　　☐ (2) 水分子 1 個　　☐ (3) ナトリウムイオン 1 個

ガイド N_A 個の粒子の質量は M [g]，M；原子量・分子量・式量。

10 原子量・分子量と物質量

91 気体と物質量　◀テスト必出

次の(1)～(4)に答えよ。ただし原子量は，C＝12.0，N＝14.0，O＝16.0，アボガドロ定数 N_A＝6.0×10²³/mol とする。

(1) 標準状態で，二酸化炭素 CO_2 5.6 L の物質量は何 mol か。
(2) 標準状態で，酸素 O_2 1.12 L には，酸素分子何個含まれるか。
(3) 窒素 N_2 2.8 g の体積は，標準状態で何 L か。
(4) 標準状態で，密度が1.25 g/L の気体の分子量はいくらか。

92 気体の体積と物質量

標準状態で2.8 L の気体について，次の(1)～(3)に答えよ。ただし原子量は，O＝16.0，アボガドロ定数 N_A＝6.0×10²³/mol とする。

(1) この気体中に含まれる分子の数は何個か。
(2) この気体が酸素であるとすると，質量は何 g か。
(3) この気体の質量が2.0 g とすると，分子量はどれだけか。

応用問題　　　　　　　　　　　　　　　　　　　　　解答 ➡ 別冊 p.18

93 ◀差がつく　天然のホウ素は $^{10}_{5}B$ と $^{11}_{5}B$ の2種類の同位体からなり，その原子量は10.8である。天然における $^{10}_{5}B$ の存在比は，次のどの値に最も近いか。
　ア　10%　　　イ　20%　　　ウ　40%　　　エ　60%　　　オ　80%

94　天然の炭素は ^{12}C と ^{13}C からなり，炭素の原子量は12.01である。2.01 g のダイヤモンドに含まれる ^{13}C の原子数はどれだけか。ただし，^{13}C の相対質量は13.00とし，アボガドロ定数 N_A＝6.0×10²³/mol とする。
　📖ガイド　相対質量と原子量から ^{13}C の存在比がわかる。

95　ある金属 w〔g〕を酸化して M_2O_3 の化学式で表される酸化物 m〔g〕を得た。この金属 M の原子量を求めよ。酸素 O の原子量を16とする。

96 ◀差がつく　原子量152の元素 X の酸化物を分析すると，その酸化物中において X の質量が86.4%を占めていた。この酸化物の組成式を記号で答えよ。
（原子量；O＝16）
　ア　X_2O　　　イ　XO　　　ウ　X_2O_3　　　エ　XO_2　　　オ　X_2O_5

97 次の(1)〜(3)の問いに，最も適するものを記号で答えよ。ただし，原子量は，H=1.0, C=12, N=14, O=16, Na=23, Cl=35.5, Ar=40とする。

(1) 次の各物質が10gずつあるとき，物質量の最も大きいものはどれか。また，最も小さいものはどれか。
　ア　二酸化炭素　　イ　水　　ウ　水素　　エ　窒素　　オ　酸素

(2) 次の各物質が0.1 molずつあるとき，質量の最も大きいものはどれか。また，最も小さいものはどれか。
　ア　二酸化炭素　　　イ　水　　　ウ　酸素
　エ　塩化ナトリウム　　オ　塩化物イオン

(3) 同温・同圧で，最も密度が大きい気体はどれか。また，最も小さい気体はどれか。
　ア　窒素　　イ　水素　　ウ　酸素　　エ　メタン　　オ　アルゴン

98 次に定義される記号で，(1)〜(4)の数値を示す式を表せ。
　m；気体の質量〔g〕　M；分子量　A；原子量　N；アボガドロ定数
　D；標準状態における気体の密度〔g/L〕
　V；標準状態における気体1 molの体積〔L〕

(1) 原子1個の質量　　　(2) 気体m〔g〕中の分子数
(3) 標準状態の気体v〔L〕の質量〔g〕
(4) 標準状態の密度D〔g/L〕の気体の分子量

99 1種類の元素からなる結晶をX線で調べたら，一辺の長さ$6.0×10^{-8}$cmの立方体の中に4個の原子が含まれていることがわかった。この元素の原子量を求めよ。ただし，この結晶の密度を4.0g/cm^3，アボガドロ定数を$N_A=6.0×10^{23}$/molとする。
📖ガイド　$6.0×10^{23}$個の原子の質量を求める。

100 ネオンとアルゴンの混合気体がある。この気体の密度は標準状態で1.34g/Lであった。この気体中のネオンとアルゴンの物質量の比として最も適当なものを選べ。（原子量；Ne=20, Ar=40）
　ア　3:1　　イ　2:1　　ウ　1:1　　エ　1:2　　オ　1:3
📖ガイド　混合気体1 molを考え，ネオンの物質量をxとして，混合気体1 molの質量を考える。

11 溶液の濃度と固体の溶解度

テストに出る重要ポイント

- **溶液の濃度**
  ① 質量パーセント濃度〔%〕…溶液100g中の溶質の質量〔g〕で表す。
  $$\text{質量パーセント濃度〔\%〕} = \frac{\text{溶質の質量〔g〕}}{\text{溶液の質量〔g〕}} \times 100$$
  ② モル濃度〔mol/L〕…溶液1L中の溶質の物質量〔mol〕で表す。
  $$\text{モル濃度〔mol/L〕} = \frac{\text{溶質の物質量〔mol〕}}{\text{溶液の体積〔L〕}}$$

- **溶液の濃度の換算**…質量パーセント濃度 x〔%〕とモル濃度 c〔mol/L〕の両者には，溶液の密度を d〔g/cm³〕，溶質のモル質量を M〔g/mol〕とすると，右の関係がある。

  $$c = \underbrace{1000 \times d}_{\text{溶液1Lの質量〔g〕}} \times \underbrace{\frac{x}{100}}_{\text{溶液1L中の溶質の質量〔g〕}} \times \underbrace{\frac{1}{M}}_{\text{溶液1L中の溶質の物質量〔mol〕}}$$

  （溶液1000mLを考える。）

- **固体の溶解度**
  ① 固体の溶解度…溶媒100gに溶けうる溶質の質量〔g〕で表す。
  ② 冷却による析出量…飽和水溶液 w〔g〕を冷却したときの析出量 x〔g〕；
  （100＋冷却前の溶解度）：（溶解度の差）＝ $w : x$
  ③ 水和水を含む結晶…水和水は，溶解すると水となり，析出すると結晶に含まれる。
  水和物の析出量 ➡ $(w - x)$：（冷却後の溶液中の無水物の質量）
  ＝（100＋冷却後の溶解度）：（冷却後の溶解度）

基本問題　　　　　　　　　　　　　　　　　　解答 ➡ 別冊 p.19

□ **101　質量パーセント濃度**

水100gに硝酸カリウム60.0gを溶かしたとき，この水溶液の質量パーセント濃度を求めよ。また，この水溶液10.0gには何gの硝酸カリウムが溶けているか。

□ **102　混合水溶液の質量パーセント濃度**

3.0%の塩化ナトリウム水溶液60gと5.0%の塩化ナトリウム水溶液20gを混合した水溶液の質量パーセント濃度はいくらか。

103 モル濃度 ◀テスト必出

水酸化ナトリウム$8.0\,\text{g}$を水に溶かして$200\,\text{mL}$の水溶液とした。この水溶液のモル濃度を求めよ。（原子量；H＝1.0，O＝16，Na＝23）

104 モル濃度から溶質の質量 ◀テスト必出

$0.10\,\text{mol/L}$の水酸化ナトリウム水溶液$50\,\text{mL}$中に溶けている水酸化ナトリウムは何gか。（原子量；H＝1.0，O＝16，Na＝23）

例題研究 2. 市販の濃硝酸は60.0%の硝酸の水溶液で，密度が$1.36\,\text{g/cm}^3$である。この濃硝酸のモル濃度を求めよ。（原子量；H＝1.0，N＝14，O＝16）

[着眼] モル濃度は，溶液1Lに溶けている物質量で表されるので，溶液1Lを考え，その中に溶けている溶質の物質量を求めればよい。

[解き方] 濃硝酸1Lの質量は，　　　　$1000 \times 1.36\,\text{g}$

濃硝酸1L中の純HNO_3の質量は，$1000 \times 1.36 \times \dfrac{60.0}{100}\,\text{g}$

濃硝酸1L中の純HNO_3の物質量は，分子量が$HNO_3 = 63$より，

$$1000 \times 1.36 \times \dfrac{60.0}{100} \times \dfrac{1}{63} ≒ 13\,\text{mol}$$

濃硝酸1L中には純HNO_3が$13\,\text{mol}$溶けているので，モル濃度は$13\,\text{mol/L}$。

答 $13\,\text{mol/L}$

---

105 質量パーセント濃度からモル濃度 ◀テスト必出

密度$1.16\,\text{g/cm}^3$の塩酸は，HClを31.5%含む。この塩酸のモル濃度を求めよ。（原子量；H＝1.0，Cl＝35.5）

106 固体の溶解度と質量パーセント濃度

塩化ナトリウムの$20\,℃$の水$100\,\text{g}$に対する溶解度は36.0である。
(1) $20\,℃$の塩化ナトリウム飽和水溶液の質量パーセント濃度はどれだけか。
(2) $20\,℃$の質量パーセント濃度10.0%の塩化ナトリウム水溶液$200\,\text{g}$にさらに何gの塩化ナトリウムが溶けるか。

107 冷却したときの析出量

$40\,℃$の硝酸カリウム飽和水溶液$300\,\text{g}$を$10\,℃$に冷却すると，何gの硝酸カリウムの結晶が析出するか。硝酸カリウムの水$100\,\text{g}$に対する溶解度は，$10\,℃$のとき，$22.0\,\text{g}$，$40\,℃$のとき，$64.0\,\text{g}$とする。

108 水和物の溶解

28℃における無水炭酸ナトリウム Na_2CO_3 の水100 g への溶解度は40 g である。水和物 $Na_2CO_3 \cdot 10H_2O$ の 1 mol を溶解させて，28℃の飽和水溶液をつくるのに必要な水は何 g か。式量は $Na_2CO_3 = 106$，$H_2O = 18$ とする。

応用問題

109 ◀差がつく▶ 2.0 mol/L 水酸化ナトリウム水溶液の密度は 1.1 g/cm³ である。この水酸化ナトリウム水溶液の質量パーセント濃度はいくらか。（式量；NaOH = 40）

110 0.10 mol/L の塩化ナトリウム水溶液 200 mL と 0.40 mol/L の塩化ナトリウム水溶液 300 mL を混合した。混合後のモル濃度を求めよ。ただし，混合後の体積は，500 mL とする。

111 ◀差がつく▶ 市販の濃硫酸は，密度が 1.83 g/cm³ で，硫酸 H_2SO_4 を 96.0% 含む。次の各問いに答えよ。（原子量；H = 1.0，O = 16.0，S = 32.0）
(1) 濃硫酸のモル濃度を求めよ。
(2) 濃硫酸 20 mL 中に含まれる H_2SO_4 は何 mol か。
(3) 0.10 mol/L 硫酸水溶液 500 mL をつくるには，濃硫酸を何 mL 必要とするか。
📖 ガイド　(3)それぞれの水溶液中の H_2SO_4 の物質量を等しくする。

112 2.00 mol/L 塩酸を 500 mL つくるには，質量パーセント濃度 30.0%，密度 1.10 g/cm³ の塩酸が何 mL 必要か。（分子量；HCl = 36.5）

113 60℃の塩化カリウム飽和水溶液を 20℃ まで冷却したところ，KCl の結晶が 2.80 g 析出した。飽和水溶液ははじめ何 g あったか。水 100 g に対する塩化カリウムの溶解度は 60℃で 46.0，20℃で 32.0 ある。

114 水 100 g に対する無水硫酸銅(Ⅱ)の溶解度は，20℃で 20 g，60℃で 40 g である。60℃における硫酸銅(Ⅱ)飽和水溶液 100 g を 20℃ まで冷却するとき，析出する硫酸銅(Ⅱ)五水和物 $CuSO_4 \cdot 5H_2O$ の結晶は何 g か。
ただし，式量を $CuSO_4 = 160$，$H_2O = 18$ とする。

12 化学反応式と量的関係

テストに出る重要ポイント

○ **化学反応式のつくり方（目算法）**

①	反応物を左辺に，生成物を右辺に書く。	両辺を→で結ぶ $C_2H_6 + O_2 \longrightarrow CO_2 + H_2O$ ←反応物→　　←生成物→
②	最も複雑なエタンの係数を仮に1とする。	$1C_2H_6 + O_2 \longrightarrow CO_2 + H_2O$ ←係数を1とおく
③	C，Hの数を両辺で等しくする。	$1C_2H_6 + O_2 \longrightarrow 2CO_2 + 3H_2O$ Hの数を等しくする→　←Cの数を等しくする
④	Oの数を両辺で等しくする。	$1C_2H_6 + \dfrac{7}{2}O_2 \longrightarrow 2CO_2 + 3H_2O$ ←Oの数を等しくする
⑤	係数を最も簡単な整数比にする。1は省略する。	$2C_2H_6 + 7O_2 \longrightarrow 4CO_2 + 6H_2O$

○ **化学反応式が表す量的関係**

化学反応式で，「**係数の比＝物質量の比＝体積比（気体）**」となる。

化学反応式 （分子量）	CH_4 16	+	$2O_2$ 32	$\longrightarrow$	CO_2 44	+	$2H_2O$ 18
物質量 （分子の数）	1 mol 6.0×10^{23}		2 mol $6.0 \times 10^{23} \times 2$		1 mol 6.0×10^{23}		2 mol $6.0 \times 10^{23} \times 2$
質　量	16 g		32×2 g		44 g		18×2 g
気体　体　積（標準状態）	22.4 L		22.4×2 L		22.4 L		（液体）
気体　体積比（同温・同圧）	1	:	2	:	1		（液体）

○ **イオン反応式**…水溶液中のイオン間の反応を表したもの。
  ➡ **各元素の原子数と電荷の和が等しくなるように係数を合わせる。**

基本問題　　　　　　　　　　　　　　　　　　　　　解答 ➡ 別冊 p.22

例題研究 **3.** プロパン C_3H_8 を完全燃焼させると，二酸化炭素と水が生成する。次の(1)，(2)の問いに答えよ。ただし，原子量は H＝1.0，C＝12.0，O＝16.0 とする。◀テスト必出

(1) この反応を化学反応式で表せ。

(2) プロパン8.8 g を燃焼させたとき，次の **a**，**b** を求めよ。

12 化学反応式と量的関係

a 生成する水の質量は何 g か。
b 生成する二酸化炭素の標準状態における体積は何 L か。

[着眼] (1) C_3H_8 に O_2 が反応して CO_2 と H_2O が生成する。
(2) まず, プロパン 8.8 g の物質量(mol)を求め, 化学反応式の「係数の比＝物質量の比」より H_2O と CO_2 の物質量を導き, 質量, 体積(気体)に換算する。

[解き方] (1) (　)C_3H_8 + (　)O_2 ⟶ (　)CO_2 + (　)H_2O において, C_3H_8 の係数を 1 とおき, C と H の数を合わせる。

　　　　　(1)C_3H_8 + (　)O_2 ⟶ (3)CO_2 + (4)H_2O

O の数を合わせる。 (1)C_3H_8 + (5)O_2 ⟶ (3)CO_2 + (4)H_2O

(2) $C_3H_8 = 44$ より, モル質量は 44 g/mol であるから,

C_3H_8 8.8 g の物質量は, $\dfrac{8.8\,\text{g}}{44\,\text{g/mol}} = 0.20\,\text{mol}$

a：化学反応式の係数より, C_3H_8 1 mol から H_2O 4 mol 生成する。$H_2O = 18$ より, モル質量 18 g/mol であるから, H_2O の質量は,
　　　$18\,\text{g/mol} \times 0.20\,\text{mol} \times 4 = 14.4\,\text{g} ≒ 14\,\text{g}$

b：化学反応式の係数より, C_3H_8 1 mol から CO_2 3 mol 生成するから, CO_2 の体積は, $22.4\,\text{L/mol} \times 0.20\,\text{mol} \times 3 = 13.44\,\text{L} ≒ 13\,\text{L}$

答 (1) $C_3H_8 + 5O_2 \longrightarrow 3CO_2 + 4H_2O$　(2) **a**；14 g　**b**；13 L

---

115 化学反応式の係数　◀テスト必出

次の化学反応式の係数をつけよ。ただし, 係数 1 も記入せよ。

- (1) (　)C_2H_4 + (　)O_2 ⟶ (　)CO_2 + (　)H_2O
- (2) (　)C_2H_6O + (　)O_2 ⟶ (　)CO_2 + (　)H_2O
- (3) (　)Zn + (　)HCl ⟶ (　)$ZnCl_2$ + (　)H_2
- (4) (　)Na + (　)H_2O ⟶ (　)NaOH + (　)H_2
- (5) (　)Al + (　)H_2SO_4 ⟶ (　)$Al_2(SO_4)_3$ + (　)H_2
- (6) (　)Cu + (　)H_2SO_4 ⟶ (　)$CuSO_4$ + (　)SO_2 + (　)H_2O

116 イオン反応式の係数

次のイオン反応式の係数をつけよ。ただし, 係数 1 も記入せよ。

- (1) (　)Pb^{2+} + (　)Cl^- ⟶ (　)$PbCl_2$
- (2) (　)Al^{3+} + (　)OH^- ⟶ (　)$Al(OH)_3$
- (3) (　)FeS + (　)H^+ ⟶ (　)Fe^{2+} + (　)H_2S
- (4) (　)Ca^{2+} + (　)PO_4^{3-} ⟶ (　)$Ca_3(PO_4)_2$

117 化学反応式
次の化学変化を化学反応式で表せ。
- (1) エタン C_2H_6 を燃焼させると，二酸化炭素と水が生じる。
- (2) 亜鉛に希硫酸を加えると，硫酸亜鉛と水素になる。
- (3) 過酸化水素水に触媒として酸化マンガン(Ⅳ) MnO_2 を加えると，水と酸素に分解する。

118 イオン反応式
次の化学変化をイオン反応式で表せ。
- (1) 食塩水に硝酸銀水溶液を加えると，塩化銀の沈殿が生じた。
- (2) 塩化バリウム水溶液に希硫酸を加えると，硫酸バリウムの沈殿が生じた。
- (3) 塩化鉄(Ⅱ)水溶液に水酸化ナトリウム水溶液を加えると，水酸化鉄(Ⅱ)の沈殿が生じた。

119 化学反応式と量的関係 ◀テスト必出
次の問いに答えよ。(原子量；H = 1.0, C = 12, O = 16, Na = 23, Cl = 35.5, Ca = 40, Ag = 108)
- (1) 炭酸カルシウム 10.0 g を完全に溶かすには，20.0％の塩酸が何 g 必要か。
- (2) 10.0％の食塩水 100 g に硝酸銀水溶液を十分加えた。塩化銀の沈殿は何 g 生じたか。

120 水素の完全燃焼 ◀テスト必出
水素を完全燃焼させた。次の各問いに答えよ。(原子量；H = 1.0, O = 16.0)
- (1) 2.0 g の水素から得られる水は，何 g か。
- (2) 標準状態で，5.6 L の水素から得られる水は，何 g か。
- (3) 4.5 g の水が生成したとすると，標準状態で何 L の酸素が消費されたか。

121 気体間の反応と体積
一酸化炭素と酸素を同温・同圧でそれぞれ 10 L ずつとり，混合した。この混合気体に点火したところ，一酸化炭素は完全に燃焼して二酸化炭素になった。
- (1) このときの変化を化学反応式で表せ。
- (2) 燃焼後の混合気体を，はじめと同温・同圧にしたときの体積は何 L か。

　ガイド　化学反応式の係数比＝気体の体積比(同温・同圧)。

122 メタノールの燃焼 ◀テスト必出

メタノール CH_4O を空気中で完全に燃焼させた。次の各問いに答えよ。
(原子量；H = 1.0，C = 12，O = 16)

- (1) この燃焼の反応を化学反応式で表せ。
- (2) 燃焼したメタノールを 3.2 g として，次の a，b を求めよ。
  - a 生じた水は何 g か。
  - b 生じた二酸化炭素は標準状態で何 L か。
- (3) 生じた二酸化炭素が 8 L のとき，反応した酸素は同温・同圧で何 L か。

📖 ガイド (1) C, H または C, H, O からなる化合物を空気中で燃焼させると，CO_2 と H_2O が生成する。　(3) 同温・同圧の気体の体積は，物質量に比例する。

123 過酸化水素の分解

過酸化水素水 H_2O_2 を酸化マンガン(Ⅳ)で分解したところ，標準状態で，2.8 L の酸素が発生した。反応した過酸化水素は何 g か。(原子量；H = 1.0，O = 16.0)

応用問題　　　　　　　　　　　　　　　　　　　　　　　解答 ➡ 別冊 p.24

124 次の(1)，(2)の反応の化学反応式中の x の値を記せ。

- (1) $x KMnO_4 + a HCl \longrightarrow b MnCl_2 + c KCl + d H_2O + 5 Cl_2$
- (2) $a Ca_3(PO_4)_2 + b SiO_2 + x C \longrightarrow c CaSiO_3 + d CO + e P_4$

125 次の(1)〜(3)の反応を化学反応式で表せ。

- (1) 銅に希硝酸を加えると，一酸化窒素を発生して硝酸銅(Ⅱ)$Cu(NO_3)_2$ と水が生じた。
- (2) アンモニアと空気の混合気体を加熱した白金網に触れさせると，一酸化窒素と水が生成した。
- (3) 酸化マンガン(Ⅳ)MnO_2 と濃塩酸を加熱すると，塩素を発生して塩化マンガン(Ⅱ)$MnCl_2$ と水を生成した。

126 ◀差がつく

塩酸と酸化マンガン(Ⅳ)の混合物を加熱すると，次の反応にしたがって塩素を発生する。　　$MnO_2 + 4 HCl \longrightarrow MnCl_2 + 2 H_2O + Cl_2$

いま，30 % の塩酸(密度 1.17 g/cm³)100 mL と酸化マンガン(Ⅳ)17.4 g の混合物を加熱すると発生する塩素は標準状態で何 L か。(原子量；H = 1.0，O = 16，Cl = 35.5，Mn = 55)

📖 ガイド　塩酸と酸化マンガン(Ⅳ)のどちらがすべて反応するかを考えよ。

127 濃度未知の塩化カルシウム水溶液がある。この塩化カルシウム水溶液 20.0 mL に十分量の希硫酸を加えたところ，1.36 g の白色沈殿を生じた。塩化カルシウム水溶液の濃度は何 mol/L か。（原子量；O = 16，S = 32，Ca = 40）

128 900 mL の空気を無声放電管に通したところ，酸素の一部がオゾンに変化し，気体の総体積が 888 mL になった。空気中の酸素の何 mL がオゾンに変化したか。ただし，気体の体積は，同温・同圧におけるものとする。
📖 ガイド　x mL の O_2 が O_3 になると，体積はどれだけ減少するかを考える。

129 同温，同圧下で 3 体積の気体分子 A と 1 体積の気体分子 B が過不足なく反応して，2 体積の気体化合物 C が生成した。A の分子量を M_A，B の分子量を M_B とすると，4 g の A から生成する C の量は何 g か。次のア～オから選べ。

ア　$\dfrac{12M_A + 4M_B}{3M_A}$　　イ　$\dfrac{3M_A + M_B}{2}$　　ウ　$\dfrac{4(M_A + M_B)}{3M_B}$

エ　$\dfrac{4(M_A + M_B)}{M_A}$　　オ　$\dfrac{8}{3M_A}$

130 メタノール CH_3OH とエタノール C_2H_5OH の混合物がある。これに酸素を加えて完全に反応させたところ，二酸化炭素 5.28 g と液体の水 3.78 g とを生じた。次の各問いに答えよ。（原子量；H = 1.0，C = 12，O = 16）
(1) メタノールとエタノールは最初何 mol ずつあったか。
(2) 燃焼に消費された酸素は何 mol か。

131 ◀差がつく　塩化リチウムと塩化ナトリウムの混合物がある。その 1.00 g をとって水溶液とし，これに十分な量の硝酸銀水溶液を加え，生じた沈殿をろ別，水洗，乾燥後，質量を測ったところ 2.95 g あった。最初の混合物中の塩化リチウムは混合物全体の質量の何 % を占めていたか。（原子量；Li = 6.9，Na = 23.0，Cl = 35.5，Ag = 108.0）
📖 ガイド　塩化リチウムと塩化ナトリウムをそれぞれ x 〔g〕，y 〔g〕として 2 つの式をつくる。

132 標準状態で x 〔L〕の一酸化炭素と y 〔L〕の酸素を混合したところ，密度が $\dfrac{4}{3}$ g/L であった。この混合気体に点火し，完全燃焼後，再び標準状態で体積を測定したところ 11 L であった。x，y を求めよ。（原子量；C = 12，O = 16）
📖 ガイド　密度を表す式，反応後の 11 L となった式を x と y で表し，2 つの式から導く。

13 酸と塩基

★テストに出る重要ポイント

○ **酸と塩基の定義と酸性・塩基性**
① ブレンステッドの酸・塩基の定義…反応において，
   酸 ➡ H⁺ を与える分子・イオン　塩基 ➡ H⁺ を受け取る分子・イオン
② アレニウスの酸・塩基の定義…水溶液中において，
   酸 ➡ H⁺ を生じる物質　塩基 ➡ OH⁻ を生じる物質
③ 酸性…H⁺ のはたらき ➡ 青色リトマス紙を赤色，塩基性を打ち消す。
   ▶ H⁺ は水溶液ではオキソニウムイオン H_3O^+ として存在。
   　　　　　　　　　　　　　　　　　　　└ H⁺ が水分子と配位結合
④ 塩基性…OH⁻ のはたらき ➡ 赤色リトマス紙を青色，酸性を打ち消す。

○ **電離度と酸・塩基の強弱**
▶ 電離度 $\alpha = \dfrac{電離した電解質の物質量}{溶かした電解質の物質量}$

① ┌ 強酸…電離度の大きい酸 ➡ HCl, H_2SO_4, HNO_3 ← この3つが重要
　　　　　　　　　　　　└ ほぼ1とみてよい。
　 └ 弱酸…電離度の小さい酸 ➡ CH_3COOH, H_2S, HF, 炭酸水
　　　　　　　　　　　　　　　　　　　　　　　　　　　└ CO_2 の水溶液

② ┌ 強塩基…電離度の大きい塩基
　│　　　　　└ ほぼ1とみてよい。
　│　　　➡ NaOH, KOH, $Ba(OH)_2$, $Ca(OH)_2$ ← この4つが重要
　 └ 弱塩基…電離度の小さい塩基または水に溶けにくい塩基
　　　　　➡ アンモニア水, $Mg(OH)_2$, $Fe(OH)_3$

○ **酸・塩基の価数**…1分子または組成式に相当する粒子から放出されるH⁺またはOH⁻の数。 例 1価の酸；HCl, 2価の塩基；$Ca(OH)_2$

基本問題　　　　　　　　　　　　　　　　　　　解答 ➡ 別冊 p.26

133 酸・塩基の定義　◀テスト必出

次の文中の( )に，適する語句または化学式を記入せよ。
アンモニアを水に溶かすと，次のように反応して電離する。
　　$NH_3 + H_2O \longrightarrow NH_4^+ + OH^-$

① ブレンステッドの酸・塩基の定義によると，アンモニアは H⁺ を(ア)ので(イ)であり，水は H⁺ を(ウ)ので(エ)である。
② アレニウスの酸・塩基の定義によると，アンモニアは水溶液中で(オ)を生じるので(カ)である。

134 酸・塩基の強弱と価数

次の化合物①〜⑧は，下の@〜ⓗのどれに相当するか。

- ① NH_3
- ② H_2SO_4
- ③ HNO_3
- ④ $NaOH$
- ⑤ $Ca(OH)_2$
- ⑥ HCl
- ⑦ CH_3COOH
- ⑧ KOH

- ⓐ 1価の強酸
- ⓑ 1価の弱酸
- ⓒ 1価の強塩基
- ⓓ 1価の弱塩基
- ⓔ 2価の強酸
- ⓕ 2価の弱酸
- ⓖ 2価の強塩基
- ⓗ 2価の弱塩基

135 酸と塩基

次の文のうち，正しいものをすべて選べ。

ア H^+ を多く出す酸が強酸だから，2価の酸は1価の酸より強酸である。
イ 酸には必ず酸素が含まれている。
ウ OH をもつ化合物はすべて塩基である。
エ アンモニアは，分子中に OH^- をもたないので，塩基ではない。
オ 濃度の大きいときでも，電離度が1に近い酸を強酸という。

例題研究 4. 0.10 mol/L の酢酸水溶液の酢酸の電離度は0.017である。水素イオン濃度（H^+ のモル濃度）$[H^+]$ はどれだけか。

着眼 電離度 = $\dfrac{電離した酢酸の物質量}{溶かした酢酸の物質量}$ である。1Lの酢酸水溶液について考える。

解き方 0.10 mol/L の酢酸水溶液1L には CH_3COOH が0.10mol 溶けている。電離度0.017より，電離した酢酸の物質量は，電離度の式より，

0.10 mol × 0.017 = 0.0017 mol

$CH_3COOH \rightleftarrows CH_3COO^- + H^+$ より，電離した CH_3COOH と H^+ の物質量は互いに等しい。

したがって，H^+ のモル濃度（水素イオン濃度）は0.0017 mol/L である。

答 0.0017 mol/L

---

136 アンモニア水の電離度 ◀テスト必出

アンモニアは，$NH_3 + H_2O \rightleftarrows NH_4^+ + OH^-$ のように電離する。0.10 mol/L のアンモニア水中には，NH_4^+ および OH^- がどちらも 1.3×10^{-3} mol/L の濃度で存在する。アンモニア水の電離度を求めよ。

応用問題

137 次の化学反応式において，下線部の物質は，ブレンステッドの酸・塩基の定義によると，酸・塩基のどちらか。
- (1) HCl + H₂O ⟶ H₃O⁺ + Cl⁻
- (2) Na₂CO₃ + HCl ⟶ NaHCO₃ + NaCl
- (3) CH₃COONa + H₂O ⟶ CH₃COOH + NaOH
- (4) Na₂CO₃ + H₂O ⟶ NaHCO₃ + NaOH

📖 **ガイド** H⁺ の授受に着目する。

138 電離度に関する次の記述ア～オのうち，誤っているものを選べ。
- ア 同一温度における弱酸の電離度は，濃度がうすいほど大きい。
- イ 同一濃度における弱酸の電離度は，温度によって異なる。
- ウ 水によく溶け，電離度の大きい酸・塩基をそれぞれ強酸・強塩基という。
- エ 同一温度において，1価の弱酸の濃度を $\frac{1}{2}$ にすると，水素イオン濃度も $\frac{1}{2}$ になる。
- オ 1価の弱酸水溶液のモル濃度を c〔mol/L〕，この弱酸の電離度を a とすると，水素イオン濃度は ca〔mol/L〕である。

139 次の(1)，(2)の問いに答えよ。（原子量：H = 1.0，C = 12.0，O = 16.0）
- (1) ある1価の酸 0.20 mol を水に溶かしたら，水素イオンが 0.0010 mol 存在していることがわかった。この酸の電離度はいくらか。また，この酸は強酸・弱酸のいずれに属するか。
- (2) 酢酸 CH₃COOH 15.0 g を水に溶かして 500 mL とした酢酸水溶液の水素イオン濃度は 3.0×10^{-3} mol/L であった。この酢酸の電離度はいくらか。

140 標準状態で 2.24 L のアンモニアを，水に溶かして 500 mL としたアンモニア水の電離度が 1.0×10^{-2} であった。次の(1)～(3)の問いに答えよ。ただし，アボガドロ定数は 6.0×10^{23}/mol とする。
- (1) 水酸化物イオン濃度は何 mol/L か。
- (2) この水溶液 1.0 mL 中に水酸化物イオン OH⁻ は何個存在するか。
- (3) この水溶液中に存在するアンモニア分子 NH₃ は，水酸化物イオン OH⁻ の何倍か。

14 酸と塩基の反応

★テストに出る重要ポイント

● 中和反応

▶ 中和反応…酸の H^+ と塩基の OH^- から H_2O が生成し，同時に塩が生成。

中和反応 ➡ 酸 ＋ 塩基 ⟶ 塩 ＋ 水
　　　　　 HCl　　NaOH　　　NaCl　　H_2O
電　離 ➡ H^+ Cl^-　Na^+ OH^-　Na^+ Cl^-　H_2O ←水が生成する

● 中和反応の量的関係

中和の条件 ➡ 酸の H^+ の物質量 ＝ 塩基の OH^- の物質量

① 酸・塩基の物質量と中和… a 価の酸 n [mol] と b 価の塩基 n' [mol] がちょうど中和したとき

$$a \times n = b \times n'$$ ➡ 酸の価数×酸の物質量＝塩基の価数×塩基の物質量
（H^+ の物質量＝OH^- の物質量）

② 水溶液どうしの中和… c [mol/L] の a 価の酸水溶液 v [mL] と c' [mol/L] の b 価の塩基水溶液 v' [mL] がちょうど中和したとき，

$$a \times c \times \frac{v}{1000} = b \times c' \times \frac{v'}{1000}$$ ➡ $acv = bc'v'$
（H^+ の物質量　＝　OH^- の物質量）

③ 固体と水溶液との中和…分子量(または式量) M，a 価の酸(塩基)の固体 w [g] と c [mol/L] の b 価の塩基(酸)水溶液 v [mL] とがちょうど中和したとき，
$$a \times \frac{w}{M} = b \times c \times \frac{v}{1000}$$
（H^+(OH^-)の物質量　＝　OH^-(H^+)の物質量）

● 中和滴定の器具

① **ホールピペット**…一定体積(10.0～25.0 mL)の液体を正確にとる器具。
　➡ 蒸留水で洗った後，とる試料液体で洗ってから使用。（溶液の濃度がうすくならないように）
② **メスフラスコ**…一定濃度の溶液をつくるとき，一定体積(100～1000 mL)の溶液とする器具。➡ 蒸留水で洗ったまま使用。（溶質の量に影響しない）
③ **ビュレット**…滴下した体積を測る器具。➡ 蒸留水で洗った後，とる試料液体で洗ってから使用。（溶液の濃度がうすくならないように）
④ **メスシリンダーやこまごめピペット**…精度が低く，滴定器具には用いない。

基本問題

解答 → 別冊 p.27

141 化学反応式 ◁テスト必出

次の酸と塩基が完全に中和反応するときの化学反応式を書け。

- (1) 塩酸と水酸化カルシウム
- (2) 硫酸と水酸化ナトリウム
- (3) 硫酸と水酸化バリウム
- (4) リン酸と水酸化カルシウム

142 中和反応と物質量

次の各問いに答えよ。

- (1) 硫酸0.2molとちょうど中和する水酸化ナトリウムの物質量は何molか。
- (2) 硫酸0.4molとちょうど中和する水酸化カルシウムの物質量は何molか。
- (3) 酢酸0.6molとちょうど中和する水酸化カルシウムの物質量は何molか。

143 H^+とOH^-の物質量

次の物質量を求めよ。（原子量；H = 1.0, O = 16, Ca = 40）

- (1) 0.10mol/Lの塩酸200mLから生じるH^+の物質量。
- (2) 0.20mol/Lの水酸化カルシウム水溶液400mLから生じるOH^-の物質量。
- (3) 水酸化カルシウム3.7gの固体から生じるOH^-の物質量。

📖 ガイド　酸・塩基の価数に着目する。

例題研究 5. 酸と塩基の中和についての次の(1), (2)の問いに答えよ。

（原子量；H = 1.0, O = 16, Ca = 40）

(1) 希硫酸10.0mLに, 0.10mol/Lの水酸化ナトリウム水溶液を加えたところ, 16.0mLでちょうど中和した。この希硫酸のモル濃度はどれだけか。

(2) 0.20mol/Lの塩酸100.0mLを中和するには, 水酸化カルシウムの固体何gが必要か。

[着眼]「酸のH^+の物質量＝塩基のOH^-の物質量」として求める。

[解き方] (1) 希硫酸の濃度をx〔mol/L〕とすると, 硫酸は2価の酸より,

$$2 \times x \times \frac{10.0}{1000} = 0.10 \times \frac{16.0}{1000} \quad \therefore \quad x = 0.080 \text{ mol/L}$$

(2) 求める$Ca(OH)_2$をy〔g〕とすると, $Ca(OH)_2$の式量74, 価数2より,

$$0.20 \times \frac{100.0}{1000} = 2 \times \frac{y}{74} \quad \therefore \quad y = 0.74 \text{ g}$$

答 (1) 0.080 mol/L　(2) 0.74 g

144 溶液どうしの中和 ◀テスト必出

次の(1), (2)の問いに答えよ。

(1) 0.050 mol/L の硫酸40.0 mLを中和するのに, 0.080 mol/L の水酸化ナトリウム水溶液は何 mL 必要か。

(2) 0.025 mol/L の硫酸10.0 mLを中和するのに, 水酸化カルシウム水溶液が12.5 mL必要であった。この水酸化カルシウム水溶液のモル濃度を求めよ。

145 固体と溶液との中和 ◀テスト必出

シュウ酸の結晶 $(COOH)_2 \cdot 2H_2O$ **1.26 g** を一定量の水に溶かした。この水溶液を中和するには, **0.50 mol/L** 水酸化ナトリウム水溶液が何 mL 必要か。
(原子量；H = 1.0, C = 12.0, O = 16.0)

例題研究 6. 次の実験について, あとの(1)〜(3)の問いに答えよ。

〔実験〕濃度不明の塩酸10.0 mL を(A)でとり, 100 mL の(B)に入れて, 10倍に純水でうすめた。うすめた塩酸の10.0 mL を(A)でとり, コニカルビーカーに入れた。これに指示薬を加え,(C)から 0.10 mol/L 水酸化ナトリウム水溶液を滴下したら 7.0 mL の滴下で指示薬が変色した。

(1) A〜Cに適する実験器具を次から選び, 記号で答えよ。
　ア　メスシリンダー　　イ　ビュレット　　ウ　ホールピペット
　エ　こまごめピペット　　オ　メスフラスコ

(2) A〜Cのうちで, 純水で洗浄後, ぬれたまま使用できるのはどれか。

(3) 濃度不明の塩酸のモル濃度を求めよ。

[着眼] 滴定に用いる3つの器具の役目に着目。洗浄の仕方は, 濃度の影響の有無による。

[解き方] (1) A：10.0 mL を正確にとるのはホールピペットである。
　B：正確に100 mL の体積を測るのはメスフラスコである。
　C：溶液の滴下した体積を測るのはビュレットである。なお, メスシリンダーやこまごめピペットは精度が低いので, 滴定には用いない。

(2) メスフラスコは, ぬれていても塩酸の量に影響しない。

(3) うすめた塩酸の濃度を x [mol/L]とすると, 酸・塩基とも1価なので,

$$x \times \frac{10.0}{1000} = 0.10 \times \frac{7.0}{1000} \quad \therefore \quad x = 0.070 \, \text{mol/L}$$

よって, もとの塩酸の濃度は, 0.070 mol/L × 10 = 0.70 mol/L

答 (1) A：ウ　B：オ　C：イ　(2) B　(3) 0.70 mol/L

146 中和滴定 ◀テスト必出

次の文を読んで，あとの(1)～(3)の問いに答えよ。

うすい酢酸水溶液(溶液 A)の濃度を知るため，その水溶液10.0 mL を測りとり，濃度が0.10 mol/L の水酸化ナトリウム水溶液(溶液 B)を用いて中和滴定を行った。

☐ (1) 溶液 A を測りとる器具，溶液 B の体積を測る器具のそれぞれの名称を記せ。
☐ (2) 溶液 B の体積を測る器具の使い方①～④のうち，最も適したものを選べ。
　　① 純水でよく洗った後，加熱乾燥して使う。
　　② 純水でよく洗った後，直ちに溶液 B を入れて使用する。
　　③ 純水でよく洗った後，器具の内部を少量の溶液 B で数回洗い，熱風を送って乾燥してから使う。
　　④ 純水でよく洗った後，器具の内部を少量の溶液 B で数回洗い，直ちに溶液 B を入れて使用する。
☐ (3) この滴定を3回繰り返した結果，溶液 A の中和に必要な溶液 B の体積の平均は8.20 mL であった。溶液 A のモル濃度はいくらか。

応用問題　　　　　　　　　　　　　　　　　　　　解答 ➡ 別冊 p.28

147 0.10 mol/L の酢酸水溶液50.0 mL と0.12 mol/L の希硫酸50.0 mL を混合した水溶液を5.0％の水酸化ナトリウム水溶液で中和したとき，反応する水酸化ナトリウム水溶液の体積を求めよ。原子量は H＝1.0，O＝16.0，Na＝23.0，水酸化ナトリウム水溶液の密度は1.0 g/cm³ とする。

148 ◀差がつく　次の文を読んで，あとの(1)，(2)に答えよ。(原子量；H＝1.0，N＝14.0)

1.0 mol/L の希硫酸20.0 mL に指示薬を加え，ある量のアンモニアを吸収させた。アンモニアを吸収させた後の水溶液は，まだ酸性であり，これを中和するのに0.50 mol/L の水酸化ナトリウム水溶液36.0 mL を要した。

☐ (1) 水酸化ナトリウム水溶液によって中和された酸は何 mol の硫酸に相当するか。
☐ (2) はじめに吸収されたアンモニアは何 g か。
　　📖ガイド　アンモニアは1価の塩基である。

149 ◀差がつく　2価の酸0.300 g を含む水溶液を完全に中和するのに，0.100 mol/L の水酸化ナトリウム水溶液40.0 mL を要した。この酸の分子量を求めよ。

150 市販の食酢を正確に10倍に希釈した。この希釈した水溶液10.0 mLを0.100 mol/Lの水酸化ナトリウム水溶液で滴定したところ，7.00 mL滴下したとき，ちょうど中和した。もとの食酢中の酢酸の質量パーセント濃度を求めよ。ただし，食酢の密度を1.00 g/cm³とし，食酢中に含まれる酸は，すべて酢酸であるとする。
（分子量；$CH_3COOH = 60.0$）

151 次の文章①～⑥は，シュウ酸水溶液を水酸化ナトリウム水溶液で中和滴定し，水酸化ナトリウム水溶液の濃度を決定する場合の操作を示したものである。これをもとにあとの(1)，(2)の問いに答えよ。
① （ a ）にシュウ酸の結晶を入れ，化学てんびんで正確に測る。
② シュウ酸の結晶を完全にビーカーに移し，少量の（ b ）を注いで結晶を完全に溶解させる。
③ シュウ酸水溶液を（ c ）に移したのち，（ b ）を加えて正確に1 Lの水溶液とする。
④ シュウ酸水溶液を（ d ）で正確に測り，（ e ）に完全に流し出して指示薬を2～3滴加える。
⑤ （ f ）色の紙をシュウ酸が入った（ e ）の下にしき，液の色の変化を見やすくする。
⑥ 水酸化ナトリウム水溶液を（ g ）から少量ずつシュウ酸水溶液に滴下し，溶液の色がかすかに変色する点を終点とする。

(1) 上の文中の空欄 a～g に最も適する用語を，次のア～チから選べ。
　ア　メスシリンダー　　イ　メスフラスコ　　ウ　ホールピペット
　エ　秤量びん　　　　　オ　ビーカー　　　　カ　三角フラスコ
　キ　ビュレット　　　　ク　枝付きフラスコ　ケ　エタノール
　コ　分液ろうと　　　　サ　蒸留水　　　　　シ　フェノールフタレイン
　ス　メチルオレンジ　　セ　赤　　　　　　　ソ　青
　タ　緑　　　　　　　　チ　白

(2) ④で用いられる実験器具（ d ）および（ e ）が最初に水(蒸留水)でぬれていた場合，どのように使用するのが適当か。次のア～ウのうちからそれぞれ選べ。
　ア　水でぬれているままでよい。　　イ　火で乾かしてから使用する。
　ウ　シュウ酸水溶液でよくすすいでから使用する。

📖 ガイド　(2)では，シュウ酸の量に影響があるかどうかに着目。

15 水素イオン濃度とpH

◎ 水素イオン濃度 [H⁺]・水酸化物イオン濃度 [OH⁻] と pH

① $\begin{cases} [H^+] = (1価の酸のモル濃度) \times (電離度) \\ [OH^-] = (1価の塩基のモル濃度) \times (電離度) \end{cases}$

　　　　　　　　　　　　　　　　← 強酸・強塩基の電離度は1

② $K_W = [H^+][OH^-] = 1.0 \times 10^{-14} (mol/L)^2$
　　　　　　　　　　　　← 25℃における数値

➡ K_W は**水のイオン積**といい，同じ温度では水や水溶液で常に一定。

➡ [H⁺]，[OH⁻]の一方がわかると，他方が導かれる。

③ $[H^+] = 1.0 \times 10^{-n}$ mol/L のとき **pH=n**　➡ $pH = -\log[H^+]$

〔酸性・中性・塩基性, [H⁺], [OH⁻], pH の関係〕

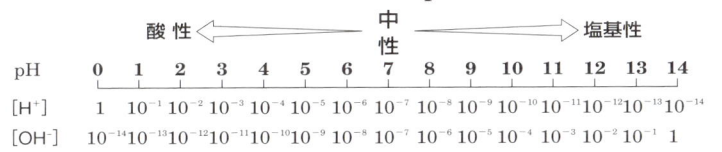

酸性 ← 　　中性　　 → 塩基性

pH	0	1	2	3	4	5	6	7	8	9	10	11	12	13	14
[H⁺]	1	10^{-1}	10^{-2}	10^{-3}	10^{-4}	10^{-5}	10^{-6}	10^{-7}	10^{-8}	10^{-9}	10^{-10}	10^{-11}	10^{-12}	10^{-13}	10^{-14}
[OH⁻]	10^{-14}	10^{-13}	10^{-12}	10^{-11}	10^{-10}	10^{-9}	10^{-8}	10^{-7}	10^{-6}	10^{-5}	10^{-4}	10^{-3}	10^{-2}	10^{-1}	1

◎ 中和の滴定曲線と pH

① 酸・塩基の強弱により，次のような滴定曲線になる。

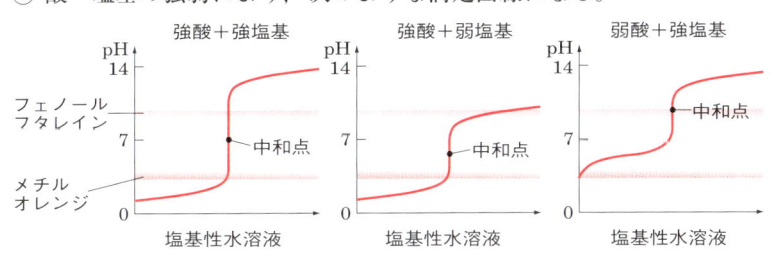

強酸＋強塩基　　　　強酸＋弱塩基　　　　弱酸＋強塩基

② **中和の指示薬**；中和点を求めるために用いる指示薬（上図参照）

● 強酸＋強塩基 ➡ フェノールフタレイン，またはメチルオレンジ

● 強酸＋弱塩基 ➡ メチルオレンジ

● 弱酸＋強塩基 ➡ フェノールフタレイン

◎ 二段階中和

炭酸ナトリウム水溶液を塩酸で滴定すると2段階で中和反応が起こる。

$Na_2CO_3 + HCl \longrightarrow NaHCO_3 + NaCl$ ➡ フェノールフタレインが変色

$NaHCO_3 + HCl \longrightarrow NaCl + CO_2 + H_2O$ ➡ メチルオレンジが変色

基本問題

152 水溶液中の[H^+]と[OH^-]の関係

次の文中の[ ]には適する化学式，( )には適する語句または数値を記入せよ。

水はごくわずかが $H_2O \rightleftarrows$ [ア] + [イ] のように電離している。このとき，(ウ)の濃度と(エ)の濃度は等しく(オ)mol/L である。水に酸を溶かすと(ウ)の濃度が増加するが，(エ)の濃度が減少する。酸や塩基の水溶液中では(ウ)の濃度と(エ)の濃度は(カ)の関係にあり，これらの積は同一温度においては一定であり，25℃において(キ)$(mol/L)^2$ である。

153 酸・塩基の濃度と[H^+]，[OH^-]

次の(1)～(4)の水溶液の[H^+]と[OH^-]を求めよ。

- (1) 0.10 mol/L の希塩酸
- (2) 0.10 mol/L の酢酸，電離度0.018
- (3) 0.10 mol/L の水酸化ナトリウム水溶液
- (4) 0.10 mol/L のアンモニア水，電離度0.012

📖 ガイド　[H^+]＝(1価の酸のモル濃度)×(電離度)，[OH^-]＝(1価の塩基のモル濃度)×(電離度)，[H^+][OH^-]＝$1.0×10^{-14}$ $(mol/L)^2$を用いる。

154 [H^+]と[OH^-]，pH

次の表の空欄ア～ケに適する数値，語句を記入せよ。

[H^+]	[OH^-]	pH	性　質
$1.0×10^{-4}$ mol/L	ア　mol/L	イ	ウ　性
$1.0×10^{-9}$ mol/L	エ　mol/L	オ	カ　性
$1.0×10^{-7}$ mol/L	キ　mol/L	ク	ケ　性

155 水溶液のpHの比較

次の水溶液A～Dを，pHの大きいものから順に並べるとどうなるか。最も適当なものを，下のア～カのうちから1つ選べ。

- A　0.100 mol/L アンモニア水
- B　0.100 mol/L 水酸化カルシウム水溶液
- C　0.100 mol/L 希硫酸
- D　0.100 mol/L 希塩酸

- ア　A＞B＞D＞C
- イ　A＝B＞D＞C
- ウ　B＞A＞C＝D
- エ　B＞A＞D＞C
- オ　C＞D＞A＞B
- カ　C＞D＞A＝B

例題研究 7. 次の(1), (2)の問いに答えよ。
(1) 0.010 mol/L の希塩酸の pH を求めよ。
(2) 5.5×10^{-2} mol/L のアンモニア水の pH は11であった。この水溶液におけるアンモニアの電離度を求めよ。

[着眼] (1) $[H^+]=$(1価の酸のモル濃度)×(電離度)および$[H^+]=1.0 \times 10^{-7}$ mol/Lのとき,pH=n の関係から求める。
(2) $[H^+][OH^-]=1.0 \times 10^{-14}$ $(mol/L)^2$ より$[OH^-]$を導く。さらに$[OH^-]=$(1価の塩基のモル濃度)×(電離度)の関係から求める。

[解き方] (1) 塩酸は1価の強酸であり,電離度が1であるから,
$$[H^+]=0.010 \times 1 = 1.0 \times 10^{-2} \text{ mol/L}$$
よって,pH=2
(2) pH=11より,$[H^+]=1.0 \times 10^{-11}$ mol/L
$[H^+][OH^-]=1.0 \times 10^{-14}$ $(mol/L)^2$ より
$$[OH^-]=\frac{1.0 \times 10^{-14}}{1.0 \times 10^{-11}}=1.0 \times 10^{-3} \text{ mol/L}$$
アンモニアの電離度をaとすると,
$$[OH^-]=5.5 \times 10^{-2} \times a = 1.0 \times 10^{-3} \text{ mol/L} \quad \therefore \quad a \fallingdotseq 0.018$$

答 (1) 2 (2) 0.018

---

156 pH 〈テスト必出〉

次の(1)〜(5)の水溶液の pH を求めよ。
(1) 0.10 mol/L の希塩酸。
(2) 0.10 mol/L の希塩酸1.0 mLに水を加えて100 mLとした水溶液。
(3) 0.010 mol/L の酢酸水溶液,酢酸の電離度を0.010とする。
(4) 0.010 mol/L の水酸化ナトリウム水溶液。
(5) 0.050 mol/L のアンモニア水,アンモニアの電離度を0.020とする。

157 pH と電離度

次の(1), (2)の溶質(酢酸・アンモニア)の電離度を求めよ。
(1) 6.0 mol/L の酢酸水溶液の pH は2であった。
(2) 0.040 mol/L のアンモニア水の pH は11であった。

[ガイド] $[H^+]=$(1価の酸のモル濃度)×(電離度),
$[OH^-]=$(1価の塩基のモル濃度)×(電離度)

158 二段階中和

右図は，0.10 mol/L の炭酸ナトリウム水溶液 10 mL に 0.10 mol/L の塩酸を滴下したときの滴定曲線である。

(1) 図の x と y の値はいくらか。
(2) 図の A 点と B 点を知るのに最も適している指示薬をそれぞれ次のア～エから選べ。
　ア　リトマス
　イ　メチルオレンジ
　ウ　ブロモチモールブルー　エ　フェノールフタレイン

📖 ガイド　1段階で反応する Na_2CO_3 と HCl，また2段階で反応する HCl の物質量は等しい。

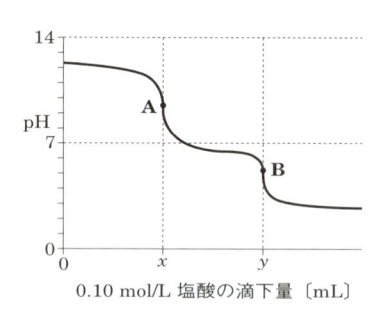

応用問題　　　　　　　　　　　　　　　　　　　解答 ⇒ 別冊 p.31

159 次の pH に関する記述ア～オのうちから，正しいものを1つ選べ。
　ア　0.010 mol/L の硫酸の pH は，同じ濃度の硝酸の pH より大きい。
　イ　0.10 mol/L の酢酸の pH は，同じ濃度の塩酸の pH より小さい。
　ウ　pH3 の塩酸を 10^5 倍にうすめると，溶液の pH は 8 になる。
　エ　0.10 mol/L のアンモニア水の pH は，同じ濃度の水酸化ナトリウム水溶液の pH より小さい。
　オ　pH12 の水酸化ナトリウム水溶液を10倍にうすめると，pH は 13 になる。

160 ◀差がつく　次の(1)，(2)の混合水溶液の pH を求めよ。
(1) 0.050 mol/L の希塩酸 600 mL と 0.050 mol/L の水酸化ナトリウム水溶液 400 mL を混合した水溶液。
(2) 0.10 mol/L の希塩酸 45 mL と 0.10 mol/L の水酸化ナトリウム水溶液 55 mL を混合した水溶液。

161 0.20 mol/L の希塩酸を 0.20 mol/L の水酸化ナトリウム水溶液で中和するとき，中和に必要な量の 99.9% を加えたときの混合水溶液の pH は，次のア～オのどの値に最も近いか。
　ア　3　　　イ　4　　　ウ　5　　　エ　6　　　オ　7

📖 ガイド　希塩酸 100.0 mL に水酸化ナトリウム水溶液 99.9 mL 加えた溶液を考える。

162 濃度が0.10 mol/Lである酸a・bを10 mLずつとり，それぞれ，濃度が0.10 mol/Lの水酸化ナトリウム水溶液で滴定し，滴下量と溶液のpHを調べた。下の図に示した滴定曲線を与える酸の組み合わせとして最も適当なものを下の表のア〜カから選べ。

📖 ガイド　酸の強弱と価数に着目。

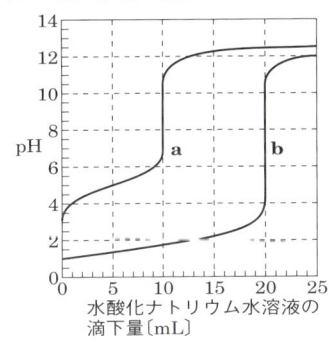

	a	b
ア	塩酸	酢酸
イ	酢酸	塩酸
ウ	硫酸	塩酸
エ	塩酸	硫酸
オ	硫酸	酢酸
カ	酢酸	硫酸

163 次の(1), (2)の問いに答えよ。

(1) 右の滴定曲線は次のア〜ウのうち，どの組み合わせか答えよ。
　ア　0.1 mol/L HCl と 0.1 mol/L NaOH
　イ　0.1 mol/L CH₃COOH と 0.1 mol/L NaOH
　ウ　0.1 mol/L HCl と 0.1 mol/L アンモニア水

(2) (1)の指示薬として適当なものを次から選べ。また，それを選んだ理由を簡単に述べよ。
　ア　メチルオレンジ　　イ　リトマス　　ウ　フェノールフタレイン
　エ　ブロモチモールブルー

164 水酸化ナトリウムと炭酸ナトリウム（無水）の混合固体2.92 gを水に溶かして100 mLとし，その10.0 mLをとって，0.20 mol/Lの希塩酸を用いて滴定したところ，右図のような滴定曲線となった。初めの混合固体中の水酸化ナトリウムは何gであったか。（原子量；H = 1.0, C = 12.0, O = 16.0, Na = 23.0）

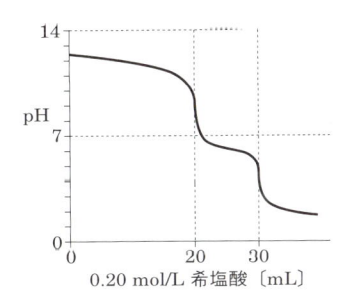

16 塩の性質

- 塩の生成…塩は酸と塩基の中和以外にもさまざまな反応で生成する。
  ① 酸＋塩基　　　　　　　　　例 $HCl + NaOH \longrightarrow \underline{NaCl} + H_2O$
  ② 酸性酸化物＋塩基　　　　　　$CO_2 + Ca(OH)_2 \longrightarrow \underline{CaCO_3} + H_2O$
  ③ 酸＋塩基性酸化物　　　　　　$2HCl + CaO \longrightarrow \underline{CaCl_2} + H_2O$
  ④ 酸性酸化物＋塩基性酸化物　　$CO_2 + CaO \longrightarrow \underline{CaCO_3}$
  ⑤ 金属＋酸　　　　　　　　　　$Zn + H_2SO_4 \longrightarrow \underline{ZnSO_4} + H_2$
  ⑥ 金属単体＋非金属単体　　　　$Cu + Cl_2 \longrightarrow \underline{CuCl_2}$
  ▶塩；**塩基の陽イオン（おもに金属イオン）と酸の陰イオン**からできた形の化合物。
  ▶非金属の酸化物を**酸性酸化物**，金属の酸化物を**塩基性酸化物**という。

- 塩の種類…次の3種類が重要。
  ① 正　塩…H^+，OH^- を含まない塩。　例 $NaCl$，K_2SO_4
  ② 酸性塩…H^+ が含まれている塩。　　　　$NaHCO_3$，$KHSO_4$
  ③ 塩基性塩…OH^- が含まれている塩。　　$CuCl(OH)$

- 正塩の水溶液の性質…構成する酸・塩基の強いほうの性質を示す。

塩の構成		水溶液の性質	例
強酸	強塩基	ほぼ中性	$NaCl$，K_2SO_4
強酸	弱塩基	酸性	NH_4Cl，$CuSO_4$
弱酸	強塩基	塩基性	Na_2CO_3，CH_3COONa
弱酸	弱塩基	ほぼ中性	CH_3COONH_4

〔水溶液中の反応例〕 CH_3COONa 水溶液の場合；ほぼ完全に電離。
  ➡ $CH_3COONa \longrightarrow CH_3COO^- + Na^+$
CH_3COO^- の一部が水と反応して OH^- が生じて塩基性を示す。
  ➡ $CH_3COO^- + H_2O \rightleftarrows CH_3COOH + OH^-$
▶この反応を**塩の加水分解**という。

- 酸性塩の水溶液の性質…正塩の水溶液よりやや酸性側による。
  ① 強酸と強塩基からなる塩 ➡ 酸性　　　例 $NaHSO_4$
  ② 弱酸と強塩基からなる塩 ➡ 弱塩基性　　　$NaHCO_3$

基本問題　　　　　　　　　　　　　　　　　　　解答 → 別冊 p.32

165 塩の生成
次の(1)～(10)がそれぞれ完全に反応したとき生成する塩を化学式で表せ。
- (1) 水酸化カリウム水溶液に硝酸を加えた。
- (2) 水酸化バリウム水溶液に希硫酸を加えた。
- (3) アンモニアに塩化水素を触れさせた。
- (4) 水酸化ナトリウム水溶液に二酸化炭素を吸収させた。
- (5) 水酸化カルシウム水溶液に二酸化硫黄を吹き込んだ。
- (6) 酸化マグネシウムに塩酸を加えた。
- (7) 酸化銅(Ⅱ)に希硫酸を加えた。
- (8) 希塩酸にマグネシウム粉末を加えた。
- (9) 希硫酸にアルミニウム片を加えた。
- (10) 塩素ガス中に銅片を入れた。

📖ガイド　「完全に反応」とあるから，正塩のみの化学式を書く。

166 正塩と酸性塩の生成
次の(1)～(3)において，**a** 正塩が生成する反応，**b** 酸性塩が生成する反応の化学反応式を書け。
- (1) 希硫酸に水酸化ナトリウム水溶液を加えた。
- (2) リン酸水溶液に水酸化ナトリウム水溶液を加えた。
- (3) 塩化ナトリウムに濃硫酸を加えて加熱した。

📖ガイド　(2)では，酸性塩が2種類あるので，化学反応式は3種類となる。

167 塩の種類
次の(1)～(9)の塩について，正塩には **A**，酸性塩には **B**，塩基性塩には **C** を記せ。
- (1) $NaHSO_4$
- (2) $AgNO_3$
- (3) NH_4Cl
- (4) $MgCl(OH)$
- (5) CH_3COONa
- (6) $Ca(HCO_3)_2$
- (7) NaH_2PO_4
- (8) $CuCl(OH)$
- (9) $Al_2(SO_4)_3$

168 塩の性質 [テスト必出]

次の(1)〜(6)の塩の水溶液は，ほぼ中性，酸性，塩基性のいずれを示すか。
- (1) 塩化アンモニウム水溶液
- (2) 炭酸ナトリウム水溶液
- (3) 硫酸銅(Ⅱ)水溶液
- (4) 硝酸カリウム水溶液
- (5) 硫酸ナトリウム水溶液
- (6) 酢酸ナトリウム水溶液

📖 ガイド　HCl，H_2SO_4，HNO_3 は強酸，$NaOH$，KOH，$Ca(OH)_2$，$Ba(OH)_2$ は強塩基であることに着目する。

169 塩の加水分解 [発展]

次の文中の(　)内に適する語句または化学式を記入せよ。

酢酸ナトリウム CH_3COONa を水に溶かすと，次のように完全に(　ア　)する。
$$CH_3COONa \longrightarrow CH_3COO^- + Na^+$$

このとき，酢酸イオン CH_3COO^- は，酢酸の電離度が(　イ　)いため，その一部が(　ウ　)と反応して，次のように酢酸分子と(　エ　)イオンを生じる。
$$CH_3COO^- + (\text{オ}) \rightleftarrows CH_3COOH + (\text{カ})$$

このため，水溶液中の(　エ　)イオンの濃度が(　キ　)イオンの濃度より大きくなり，水溶液は弱い(　ク　)性を示すことになる。このように，塩を水に溶かしたとき，(　ウ　)と反応して(　エ　)イオンなどを生じる変化を，塩の加水分解という。

応用問題　　　　　　　　　　　　　　　　　　　解答 ⇒ 別冊 p.33

170 [差がつく] 次のア〜カの塩のうち，(1)〜(6)にあてはまるものを選べ。

- ア　$NaHCO_3$
- イ　$CuSO_4$
- ウ　$MgCl(OH)$
- エ　KNO_3
- オ　$KHSO_4$
- カ　Na_2CO_3

- (1) 正塩で，水溶液がほぼ中性を示す。
- (2) 正塩で，水溶液が酸性を示す。
- (3) 正塩で，水溶液が塩基性を示す。
- (4) 酸性塩で，水溶液が酸性を示す。
- (5) 酸性塩で，水溶液が弱塩基性を示す。
- (6) 塩基性塩である。

171 次の塩の水溶液を，pHの大きい順にア〜エで書け。

- ア　炭酸水素ナトリウム水溶液
- イ　硫酸カリウム水溶液
- ウ　炭酸ナトリウム水溶液
- エ　塩化アンモニウム水溶液

16 塩の性質

172 〈差がつく〉次の表のa欄とb欄に示す水溶液を同体積ずつ混合したとき，酸性を示すものを①〜⑤のうちから1つ選べ。

	a	b
①	0.1 mol/L の塩酸	0.1 mol/L の水酸化バリウム水溶液
②	0.1 mol/L の塩化カリウム水溶液	0.1 mol/L の炭酸ナトリウム水溶液
③	0.1 mol/L の硫酸	0.2 mol/L の水酸化ナトリウム水溶液
④	0.1 mol/L の塩酸	0.1 mol/L の炭酸ナトリウム水溶液
⑤	0.1 mol/L の塩酸	0.1 mol/L の酢酸ナトリウム水溶液

📖 ガイド　中和反応では酸・塩基の価数に，塩では酸・塩基の強弱に着目する。

173 次の物質の組み合わせ①〜⑧のうち，水溶液があとの(1)，(2)にあてはまる組み合わせを2つずつ選べ。

① $CuSO_4$，CH_3COONa　　② $Al_2(SO_4)_3$，NH_4Cl
③ Na_2CO_3，CaO　　　　　④ $NaHSO_4$，Na_2O
⑤ SO_2，$NaHSO_4$　　　　　⑥ Na_2SO_4，$NaCl$
⑦ $NaHCO_3$，CH_3COONa　⑧ Na_2SO_3，$FeCl_3$

□ (1) どちらも酸性を示す。　　□ (2) どちらも塩基性を示す。

174 下の(1)〜(9)の組み合わせのうち，個々の物質を水に溶かしたとき，その水溶液が酸性を示すものがいくつあるか。それぞれについて数字で答えよ。

□ (1) CO_2，NO_2，CaO　　　　□ (2) NH_3，CO_2，NO_2
□ (3) NO_2，Na_2CO_3，CO_2　 □ (4) NH_3，CaO，P_4O_{10}
□ (5) P_4O_{10}，NH_3，Na_2CO_3 □ (6) CaO，P_4O_{10}，Na_2CO_3
□ (7) CO_2，NO_2，P_4O_{10}　　 □ (8) CaO，NH_3，Na_2CO_3
□ (9) NO_2，CaO，SO_2

📖 ガイド　非金属元素の酸化物は酸性酸化物といい，水に溶けると酸性を示す(例外 CO，NO)。金属元素の酸化物は塩基性酸化物といい，水に溶けると塩基性を示す。

175 [発展] 次のア〜エのイオンは酢酸ナトリウム CH_3COONa の水溶液中に存在するイオンである。この水溶液中のイオン濃度(mol/L)の大きい順に記せ。

ア CH_3COO^-　イ Na^+　ウ H^+　エ OH^-

📖 ガイド　塩の加水分解におけるイオンの反応に着目する。

17 酸化と還元

テストに出る重要ポイント

○ **酸化と還元**…酸化・還元と酸素，水素，電子，酸化数の関係。

	酸化された	還元された
酸　素　O	化合した(増加した)	失った(減少した)
水　素　H	失った(減少した)	化合した(増加した)
電　子　e^-	失った(減少した)	受け取った(増加した)
酸化数	増加した	減少した

○ **酸化数の求め方**…酸化数は，次の①〜④によって求める。
① 単体の原子の酸化数 ➡ 0　　[例] H_2 の H ➡ 0
② 単原子イオンの酸化数 ➡ イオンの価数　[例] Na^+ ➡ +1
③ 化合物の原子の酸化数 ➡ $\begin{cases} Na, K, H を +1 \\ O を -2 \end{cases}$ を基準；合計が 0

　　[例] H_2SO_4；$(+1) \times 2 + (+6) + (-2) \times 4 = 0$
　　〔例外〕NaH では H が -1。H_2O_2 では O が -1。
　　▶塩では酸を基準とする。AgCl では HCl より Cl の酸化数は -1。
④ 多原子イオンの酸化数 ➡ 合計がイオンの価数；基準は③と同じ。
　　[例] SO_4^{2-}；$(+6) + (-2) \times 4 = -2$
　　　　　　　　　　　　　　　　└イオンの価数

○ **電子の授受・酸化数・酸化と還元の関係**
$\begin{cases} 電子を失った ➡ 酸化数が増加 ➡ 酸化された。\\ 電子を受け取った ➡ 酸化数が減少 ➡ 還元された。 \end{cases}$

○ **酸化還元反応**…酸化数の変化のある反応。
① **酸化と還元は同時に起こる。** ➡ 電子を失った(酸化数が増加した)原子があれば，電子を受け取った(酸化数が減少した)原子がある。
② 単体が反応または生成する反応は，酸化還元反応である。
　　▶単体の原子の酸化数は 0，化合物の原子の酸化数は 0 ではないから，単体が関係する反応は，必ず酸化数の変化がある。

○ **酸化・還元の判別**…原則として，次の①・②にしたがって判別する。
① 無機物質の反応 ➡ 酸化数の増減による。
　　└有機化合物以外の物質
② 有機化合物の反応 ➡ O(酸素原子)・H(水素原子)の増減による。
　　└炭素を含む化合物(CO，CO_2 は除く)

17 酸化と還元

基本問題　解答 → 別冊 p.34

176 酸化・還元と電子

次の文中の(　)に適する語句や記号を入れよ。

銅を空気中で加熱すると，次のように反応して酸化銅(Ⅱ)となる。

$$2Cu + (　ア　) \longrightarrow 2CuO$$

このとき，銅は(　イ　)されたという。生じた CuO は Cu^{2+} と O^{2-} の結合となっているから，次のように，銅原子は(　ウ　)を失い，酸素原子は(　ウ　)を受け取ったことになる。

$$2Cu \longrightarrow 2Cu^{2+} + 4(　エ　) \quad O_2 + 4(　エ　) \longrightarrow 2O^{2-}$$

このことから銅原子のように(　ウ　)を失ったとき，銅は(　イ　)されたという。また，酸素原子のように(　ウ　)を受け取ったとき，酸素は(　オ　)されたという。

177 酸化数　◀テスト必出

次の(1)〜(15)の物質の下線部の原子の酸化数を求めよ。

- (1) $\underline{H}_2$
- (2) $H_2\underline{S}$
- (3) $\underline{Al}_2O_3$
- (4) $Mg\underline{Cl}_2$
- (5) $H_2\underline{S}O_4$
- (6) $H\underline{N}O_3$
- (7) $\underline{Cu}(NO_3)_2$
- (8) $\underline{Fe}_2(SO_4)_3$
- (9) $\underline{Al}(OH)_3$
- (10) $K\underline{Mn}O_4$
- (11) $\underline{Ca}^{2+}$
- (12) $\underline{S}^{2-}$
- (13) $\underline{N}H_4^+$
- (14) $\underline{Cr}_2O_7^{2-}$
- (15) $\underline{P}O_4^{3-}$

📖 ガイド
1. 化合物を構成する原子の酸化数の和は 0，イオンではその価数。
2. (4), (7), (8)などの塩はそれを構成する酸から陰・イオンの価数がわかる。

178 物質の変化と酸化・還元　◀テスト必出

次の(1)〜(10)の変化において，もとの物質が，酸化されたものには O，還元されたものには R，いずれでもないものには N を記せ。

- (1) $I_2 \longrightarrow KI$
- (2) $H_2S \longrightarrow S$
- (3) $MnO_2 \longrightarrow MnCl_2$
- (4) $FeCl_2 \longrightarrow FeCl_3$
- (5) $SO_3 \longrightarrow SO_4^{2-}$
- (6) $CrO_4^{2-} \longrightarrow Cr^{3+}$
- (7) $Cr_2O_7^{2-} \longrightarrow CrO_4^{2-}$
- (8) $CH_3OH \longrightarrow HCHO$
- (9) $CH_3COOH \longrightarrow CH_3CHO$
- (10) $C_2H_5OH \longrightarrow C_2H_4$

📖 ガイド
1. 酸化数の増加した原子を含む ➡ 酸化された，
酸化数の減少した原子を含む ➡ 還元された。
2. 有機化合物の変化((8), (9), (10))は，H, O の増減に着目。

例題研究 8. 次の(1), (2)の化学反応式について, 酸化された物質を選べ。

(1) $Cl_2 + SO_2 + 2H_2O \longrightarrow H_2SO_4 + 2HCl$

(2) $2KMnO_4 + 3H_2SO_4 + 5H_2O_2 \longrightarrow K_2SO_4 + 2MnSO_4 + 8H_2O + 5O_2$

[着眼] 酸化数の増加した原子を含む物質が酸化された物質である。

[解き方] ①単体の原子の酸化数は 0, 化合物の原子の酸化数は, K・Na・H の酸化数を +1, O の酸化数 −2 を基準とし, 合計を 0 として求める。
②酸化数が増加した原子を含む物質を選ぶ。

(1) 酸化数の変化　　Cl ; 0 ⟶ −1　　S ; +4 ⟶ +6
よって, SO_2(S 原子)は酸化され, Cl_2(Cl 原子)は還元された。

(2) 酸化数の変化　　Mn ; +7 ⟶ +2　H_2O_2 の O ; −1 ⟶ 0
H_2O_2 では, H の酸化数 +1 を基準とする。よって, O の酸化数は −1。
Mn の酸化数が減少したから, H_2O_2 の O の酸化数は増加したはずである。
したがって, H_2O_2 の変化は $H_2O_2 \longrightarrow H_2O$ ではなく, $H_2O_2 \longrightarrow O_2$
よって, H_2O_2(O 原子)は酸化され, $KMnO_4$(Mn 原子)は還元された。

答 (1) SO_2　　(2) H_2O_2

179 酸化還元反応

次の①~⑤の反応のうち, 酸化還元反応でないものを 1 つ選べ。

① $MnO_2 + 4HCl \longrightarrow MnCl_2 + 2H_2O + Cl_2$

② $2KI + Cl_2 \longrightarrow 2KCl + I_2$

③ $2NH_4Cl + Ca(OH)_2 \longrightarrow CaCl_2 + 2NH_3 + 2H_2O$

④ $3Cu + 8HNO_3 \longrightarrow 3Cu(NO_3)_2 + 2NO + 4H_2O$

⑤ $2HgCl_2 + SnCl_2 \longrightarrow Hg_2Cl_2 + SnCl_4$

ガイド 酸化数の変化のある原子が存在する反応は酸化還元反応である。なお, 単体の原子の酸化数は 0, 化合物の原子の酸化数は 0 ではないことに着目。

応用問題　　　　　　　　　　　　　　　　　　　　解答 ➡ 別冊 p.35

180 次のア~カの化合物・イオンにおいて, 下線部の原子の酸化数の大きい順に並べよ。

ア $\underline{Cr}_2O_7^{2-}$　　　イ $H\underline{Cl}O_3$　　　ウ $\underline{Pb}O_2$

エ $\underline{Cu}SO_4$　　　オ $\underline{Mn}O_4^-$　　　カ $\underline{Fe}(OH)_3$

181 次の①〜⑦で表される化学反応のうちで，両辺の下線部を比べたとき，硫黄原子が還元されている反応を2つ選べ。

① $\underline{FeS} + 2HCl \longrightarrow FeCl_2 + \underline{H_2S}$
② $CaCl_2 + \underline{H_2SO_4} \longrightarrow \underline{CaSO_4} + 2HCl$
③ $Cu + 2\underline{H_2SO_4} \longrightarrow CuSO_4 + \underline{SO_2} + 2H_2O$
④ $\underline{SO_3} + H_2O \longrightarrow \underline{H_2SO_4}$
⑤ $\underline{SO_2} + O_3 \longrightarrow \underline{SO_3} + O_2$
⑥ $\underline{Na_2SO_3} + H_2SO_4 \longrightarrow \underline{SO_2} + Na_2SO_4 + H_2O$
⑦ $\underline{SO_2} + 2H_2S \longrightarrow 3\underline{S} + 2H_2O$

📖 **ガイド** 硫黄の酸化数が減少する反応を選ぶ。

182 次の①〜⑥の反応のうち，酸化還元反応を選び，酸化された原子，還元された原子をそれぞれ元素記号で示せ。

① $2CrO_4^{2-} + 2H^+ \longrightarrow Cr_2O_7^{2-} + H_2O$
② $Cr_2O_7^{2-} + 14H^+ + 3Sn^{2+} \longrightarrow 2Cr^{3+} + 7H_2O + 3Sn^{4+}$
③ $Cu^{2+} + H_2S \longrightarrow CuS + 2H^+$
④ $Ag_2O + 2NH_3 + H_2O \longrightarrow 2[Ag(NH_3)_2]^+ + 2OH^-$
⑤ $2Cu^{2+} + 4I^- \longrightarrow 2CuI + I_2$
⑥ $Cl_2 + SO_2 + 2H_2O \longrightarrow SO_4^{2-} + 2Cl^- + 4H^+$

183 ◀差がつく▶ 下に示すa〜eはいずれも気体を発生する反応を表している。これらのうちから，次の①，②の記述中の（ ）に該当するものを1つずつ選べ。

① 反応（　）では，単体または化合物中の金属原子が還元される。
② 反応（　）で発生する気体を，ヨウ素が溶けたヨウ化カリウム水溶液に通すと，ヨウ素の色が消える。

a $NaCl + H_2SO_4 \longrightarrow NaHSO_4 + 気体$
b $Zn + H_2SO_4 \longrightarrow ZnSO_4 + 気体$
c $CaCO_3 + 2HCl \longrightarrow CaCl_2 + H_2O + 気体$
d $MnO_2 + 4HCl \longrightarrow MnCl_2 + 2H_2O + 気体$
e $FeS + H_2SO_4 \longrightarrow FeSO_4 + 気体$

📖 **ガイド** ①金属原子の酸化数が減少する反応である。
②I_2がI^-となる反応で，ヨウ素が還元される反応である。

18 酸化剤と還元剤

テストに出る重要ポイント

● 酸化剤と還元剤

① 　酸化剤…**相手の物質を酸化**する物質 ➡ 還元されやすい物質。
　　還元剤…**相手の物質を還元**する物質 ➡ 酸化されやすい物質。

② 　酸化剤として作用…還元された ➡ 酸化数の減少した原子を含む。
　　還元剤として作用…酸化された ➡ 酸化数の増加した原子を含む。

● 酸化剤と還元剤の反応

① **酸化剤と還元剤の反応**…一方が酸化剤として作用したとき，他方は還元剤として作用して，互いに反応する。

② **酸化剤・還元剤のはたらき**…おもな酸化剤・還元剤の例 ➡ **半反応式**

酸化剤のはたらき（半反応式）	還元剤のはたらき（半反応式）
$H_2O_2 + 2H^+ + 2e^- \rightarrow 2H_2O$ （酸性）	$Fe^{2+} \rightarrow Fe^{3+} + e^-$
濃 $HNO_3 + H^+ + e^- \rightarrow H_2O + NO_2$	$H_2O_2^{※} \rightarrow O_2 + 2H^+ + 2e^-$
$MnO_4^- + 8H^+ + 5e^-$ $\rightarrow Mn^{2+} + 4H_2O$　（酸性）	$H_2C_2O_4 \rightarrow 2CO_2 + 2H^+ + 2e^-$
	$H_2S \rightarrow S + 2H^+ + 2e^-$
$Cr_2O_7^{2-} + 14H^+ + 6e^-$ $\rightarrow 2Cr^{3+} + 7H_2O$	$Sn^{2+} \rightarrow Sn^{4+} + 2e^-$
$SO_2^{※} + 4H^+ + 4e^- \rightarrow S + 2H_2O$	$SO_2 + 2H_2O \rightarrow SO_4^{2-} + 4H^+ + 2e^-$

※ H_2O_2 は酸化剤であるが，反応の相手によって還元剤として反応することがある。
　SO_2 は還元剤であるが，反応の相手によって酸化剤として反応することがある。

③ **酸化還元反応のイオン反応式のつくり方**…酸化剤が受け取る電子 e^- の数と還元剤が放出する電子 e^- の数が等しくなるように組み合わせてつくる。➡ 電子 e^- を消去するように，2つの半反応式を合計する。

　　例 （MnO_4^- の半反応式）×2＋（$H_2C_2O_4$ の半反応式）×5 より，
　　$2MnO_4^- + 6H^+ + 5H_2C_2O_4 \longrightarrow 2Mn^{2+} + 8H_2O + 10CO_2$

● 酸化剤と還元剤の反応の量的関係

① **反応の量的関係の求め方**…「**係数比＝物質量**」から求める。
　　例 上記の例では　MnO_4^-（$KMnO_4$）：$H_2C_2O_4$ ＝ 2 mol：5 mol

② **酸化還元滴定**…酸化剤または還元剤の水溶液の濃度を滴定によって求める操作を**酸化還元滴定**という。

基本問題

184 酸化剤・還元剤

次の文中の( )に適する語句または数値を記入せよ。

$$2KI + Cl_2 \longrightarrow 2KCl + I_2$$

この反応でIの酸化数は(ア)から(イ)に変化し、Iは(ウ)されているので、KIは(エ)剤として作用している。Clの酸化数は(オ)から(カ)に変化し、Clは(キ)されているので、Cl_2は(ク)剤として作用している。

185 化学反応式と酸化剤・還元剤 ◁テスト必出

次の(1)～(6)の化学反応式で、下線部の物質が、酸化剤として作用しているときはO、還元剤として作用しているときはR、いずれでもないときはNを記せ。

- (1) $3\underline{Cu} + 8HNO_3 \longrightarrow 3Cu(NO_3)_2 + 4H_2O + 2NO$
- (2) $2\underline{KI} + Br_2 \longrightarrow 2KBr + I_2$
- (3) $\underline{Cl_2} + Na_2SO_3 + H_2O \longrightarrow 2HCl + Na_2SO_4$
- (4) $\underline{MnO_2} + 4HCl \longrightarrow MnCl_2 + 2H_2O + Cl_2$
- (5) $\underline{Mg} + 2HCl \longrightarrow MgCl_2 + H_2$
- (6) $2\underline{FeCl_2} + Cl_2 \longrightarrow 2FeCl_3$

例題研究 9. 次のイオン反応(半反応式)に関するあとの問いに答えよ。

$$MnO_4^- + 8H^+ + 5e^- \longrightarrow Mn^{2+} + 4H_2O \quad \cdots \text{i}$$
$$H_2O_2 \longrightarrow O_2 + 2H^+ + 2e^- \quad \cdots \text{ii}$$

(1) 硫酸酸性の過マンガン酸カリウム水溶液に過酸化水素水を加えたときの反応をイオン反応式で表せ。(i・iiは硫酸酸性でのイオン反応式)

(2) 硫酸酸性での0.40 mol/L 過マンガン酸カリウム水溶液100 mLに過酸化水素水を加えて完全に反応させるには、何molのH_2O_2が必要か。

[着眼] (1) 電子e^-が互いに消去できるように2つの式を合計する。
(2) (1)のイオン反応式のMnO_4^-とH_2O_2の係数比を基準にする。

[解き方] (1) MnO_4^-が5個の電子e^-を受け取り、H_2O_2が2個の電子e^-を放出することから、 i式×2 + ii式×5 とする。

(2) (1)のイオン反応式のMnO_4^-とH_2O_2の係数より、2 molのMnO_4^-と5 mol H_2O_2が反応するから、求めるH_2O_2をx[mol]とすると、

$$0.40 \times \frac{100}{1000} : x = 2 : 5 \quad \therefore \quad x = 0.10 \text{ mol}$$

[答] (1) $2MnO_4^- + 5H_2O_2 + 6H^+ \longrightarrow 2Mn^{2+} + 5O_2 + 8H_2O$ (2) 0.10 mol

186 酸化還元反応と量的関係

次のイオン反応(半反応式)に関するあとの問いに答えよ。

$Cr_2O_7^{2-} + 14H^+ + 6e^- \longrightarrow 2Cr^{3+} + 7H_2O$（硫酸酸性）　…i

$2I^- \longrightarrow I_2 + 2e^-$ 　…ii

- (1) 硫酸酸性の二クロム酸カリウム水溶液にヨウ化カリウム水溶液を加えたときの反応をイオン反応式で表せ。
- (2) 0.20 mol の二クロム酸カリウムと反応するヨウ化カリウムの物質量は何 mol か。また、このとき生成したヨウ素 I_2 の物質量は何 mol か。

応用問題　　　　　　　　　　　　　　　　　　　　　　解答 → 別冊 p.36

187 次の①～⑤の化学反応式について、下の(1), (2)の問いに答えよ。

① $Zn + H_2SO_4 \longrightarrow ZnSO_4 + H_2$
② $2NO + O_2 \longrightarrow 2NO_2$
③ $NH_4Cl + NaOH \longrightarrow NaCl + H_2O + NH_3$
④ $Cl_2 + Na_2SO_3 + H_2O \longrightarrow 2HCl + Na_2SO_4$
⑤ $SO_2 + 2NaOH \longrightarrow Na_2SO_3 + H_2O$

- (1) 酸化還元反応でないものはどれか。
- (2) 酸化還元反応の各反応について、酸化剤として作用している物質を化学式で示せ。

188 次の①～③の化学反応式について、あとの(1)～(3)の問いに答えよ。

① $SO_2 + 2H_2S \longrightarrow 2H_2O + 3S$
② $H_2O_2 + SO_2 \longrightarrow H_2SO_4$
③ $5H_2O_2 + 2KMnO_4 + 3H_2SO_4 \longrightarrow K_2SO_4 + 2MnSO_4 + 5O_2 + 8H_2O$

- (1) SO_2 について次の a, b の反応式を選び、S の酸化数の変化をそれぞれ書け。
  a　還元剤として作用　　b　酸化剤として作用
- (2) H_2O_2 について、次の a, b の反応式を選び、それぞれの O の酸化数の変化を書け。
  a　酸化剤として作用　　b　還元剤として作用
- (3) SO_2, H_2O_2, H_2S, $KMnO_4$ について、酸化剤としての強さの順を示せ。

  📖ガイド　酸化剤としての強さは、酸化剤として作用している物質＞還元剤として作用している物質。

189 硫酸酸性の過マンガン酸カリウム水溶液と硫酸鉄(Ⅱ)水溶液のそれぞれに，過酸化水素水を加えたとき起こる変化は，次のイオン反応式 A，B で表される。

$2MnO_4^- + 5H_2O_2 + 6H^+ \longrightarrow 2Mn^{2+} + 8H_2O + 5O_2$ …A
$2Fe^{2+} + H_2O_2 + 2H^+ \longrightarrow 2Fe^{3+} + 2H_2O$ …B

(1) 次の①〜③の酸素原子の酸化数はどれだけか。
　① 水　　② 酸素　　③ 過酸化水素
(2) 次の①，②の場合，酸化剤，還元剤のいずれのはたらきをしているか。
　① A の反応の過酸化水素　　② B の反応の過酸化水素
(3) 過酸化水素の酸化剤(酸性溶液)としてのはたらきを，電子を用いた式で表せ。
(4) イオン反応式 A を化学反応式で書け。

190 次の酸化剤・還元剤のはたらき(硫酸酸性水溶液中)を示すイオン反応式(半反応式)に関するあとの(1)〜(3)の問いに答えよ。

$KMnO_4$　；$MnO_4^- + 8H^+ + (\text{ア})e^- \longrightarrow Mn^{2+} + 4H_2O$　…ⅰ
$K_2Cr_2O_7$　；$Cr_2O_7^{2-} + 14H^+ + (\text{イ})e^- \longrightarrow 2Cr^{3+} + 7H_2O$　…ⅱ
SO_2　；$SO_2 + 2H_2O \longrightarrow 4H^+ + SO_4^{2-} + (\text{ウ})e^-$　…ⅲ
KI　；$2I^- \longrightarrow I_2 + (\text{エ})e^-$　…ⅳ

(1) 上記のイオン反応式の電子の係数(ア)〜(エ)に適する数値を記入せよ。
(2) 次の酸化剤・還元剤の反応(硫酸酸性水溶液中)を，それぞれイオン反応式で表せ。
　① $KMnO_4$ と KI　　② $KMnO_4$ と SO_2　　③ $K_2Cr_2O_7$ と SO_2
(3) 硫酸酸性水溶液中の $K_2Cr_2O_7$ 1 mol と反応する KI は何 mol か。

191 ある濃度のシュウ酸水溶液 20.0 mL に 0.400 mol/L の過マンガン酸カリウム水溶液(硫酸酸性)を 15.0 mL 加えるとちょうど反応した。過マンガン酸イオン，シュウ酸の酸化剤・還元剤としての反応は次のようである。下の問いに答えよ。

$MnO_4^- + 8H^+ + 5e^- \longrightarrow Mn^{2+} + 4H_2O$
$(COOH)_2 \longrightarrow 2CO_2 + 2H^+ + 2e^-$

(1) このときの反応をイオン反応式で表せ。
(2) このシュウ酸水溶液のモル濃度はどれだけか。
(3) このとき発生した二酸化炭素の体積(標準状態)は何 mL か。

📖 ガイド　(1)電子を消去するように合計。　(2)(3) (1)のイオン反応式のモル比による。

19 金属の反応性

テストに出る重要ポイント

● **金属のイオン化傾向とイオン化列**
　① 金属のイオン化傾向…水溶液中での金属の**陽イオンへのなりやすさ**。
　　▶イオン化傾向が $\begin{cases} 大きい ⇒ 陽イオンになりやすい。\\ 小さい ⇒ 陽イオンになりにくい。 \end{cases}$
　② 金属のイオン化列…金属をイオン化傾向の大きい順に並べたもの。

● **金属の反応性**…イオン化傾向の大きい金属ほど反応性が大きい。
　⇒ **陽イオンになりやすく，還元性が強い。**
　　　　　　　　　　　　└酸化されやすい

金属のイオン化列	Li	K	Ca	Na	Mg	Al	Zn	Fe	Ni	Sn	Pb	(H$_2$)	Cu	Hg	Ag	Pt	Au
水との反応性	常温で反応				熱水と反応	高温の水蒸気と反応			水蒸気とも反応しない						
酸との反応性	うすい酸と反応して，水素を発生												硝酸，熱濃硫酸に溶ける			王水に溶ける	
空気中での酸化	常温ですぐ酸化				加熱すると燃える	常温で酸化被膜をつくる							常温で酸化されにくい				

　▶Pb は塩酸・硫酸と反応しにくい。⇒ 水に難溶の PbCl$_2$, PbSO$_4$ が生成。
　▶Al, Fe, Ni は濃硝酸と反応しない。⇒ 表面に酸化被膜を生成(**不動態**)。
　▶Al, Zn, Sn, Pb は**両性元素**で，酸とも強塩基溶液とも反応する。

基本問題

解答 ⇒ 別冊 p.37

□ **192** 金属のイオン化傾向

金属 A, B, C に関する次の実験から，これらのイオン化傾向の大小を答えよ。
　B の硝酸塩の水溶液と C の硝酸塩の水溶液に，それぞれ A の金属板を入れてしばらく放置したところ，B の硝酸塩の水溶液では A の金属板の表面に B の単体が析出したが，C の硝酸塩の水溶液の A の金属板には変化がなかった。

□ **193** 金属イオンと単体の反応

次の①～④のうち，誤っているのはどれか。
① 硝酸銀水溶液に鉛板を入れると，鉛板の表面に銀が析出する。
② 硫酸銅(Ⅱ)水溶液に鉄板を入れると，鉄板の表面に銅が析出する。
③ 塩化亜鉛水溶液に銀板を入れると，銀板の表面に亜鉛が析出する。
④ 希塩酸に鉄板を入れると，鉄板の表面から水素が発生する。

194 金属のイオン化傾向と性質
次の金属のうち，あとの(1)～(4)にあてはまるものをすべて選べ。
　　Ag，Pt，Ca，Zn，Au，Na，Cu，Fe
- (1) 常温の水と反応する。
- (2) 常温の水と反応しないが，希塩酸と反応する。
- (3) 希塩酸と反応しないが，硝酸と反応する。
- (4) 王水のみと反応する。

📖 ガイド　イオン化傾向の大小；水と反応＞塩酸と反応＞硝酸と反応＞王水のみと反応　の順。

応用問題　　　　　　　　　　　　　　　　　　　　　　解答 ⇒ 別冊 p.38

195 5種類の金属A～Eがある。次の①～④の実験結果より，金属A～Eのイオン化傾向の大きい順に並べよ。
- ① 常温の水に各金属単体を入れたところ，Bだけ激しく反応した。
- ② Bを除く金属単体を，希硫酸に入れたところ，AとDが水素を発生して溶けた。
- ③ Eは希硫酸と反応しないが，硝酸とは気体を発生して溶けた。Cは希硫酸とも硝酸とも反応しなかった。
- ④ Dの硫酸塩の水溶液にAの板を入れたら，Aの表面にDが析出した。

📖 ガイド　Aのイオンを含む水溶液に，Bの単体を入れてAが析出したとき，イオン化傾向はB＞A。

196 ◀差がつく▶　次の文を読んで，(1)，(2)の問いに答えよ。
　金属は一般に陽イオンになる性質をもち，(　　)剤として作用する。また，金属は(a)常温の水と反応するもの，(b)希塩酸と反応するもの，(c)硝酸と反応するものなどさまざまである。
- (1) (　　)に適する語句を入れよ。
- (2) 下の金属について，①～③の問いに答えよ。
  - ① 下線部(a)に適する金属を下から選び，水との反応の化学反応式を書け。
  - ② 下線部(b)に適する金属を下から選び，塩酸との反応の化学反応式を書け。ただし，①の金属は除く。
  - ③ 下線部(c)に適する金属を下から選べ。ただし，①と②の金属は除く。
    　　Cu，Pt，Na，Fe，Ag，Ca，Zn

20 電池

電池の原理としくみ

① 電池の原理…酸化還元反応によって発生するエネルギーを電気エネルギーとしてとり出す装置が電池である。

② しくみ…2種類の金属を電解質水溶液に入れる。イオン化傾向の,
- 大きいほうの金属 ➡ 負極：溶液中に陽イオンとなって溶ける。
- 小さいほうの金属 ➡ 正極：溶液中の陽イオンが析出する。

▶ **ダニエル電池** [発展] …(－)Zn ｜ ZnSO₄aq ｜ CuSO₄aq ｜ Cu(＋)
　　　　　　　　　　　負極　　電解液　　　　　　正極
▶構造を表すこの式を電池式という。

① 負極…$Zn \longrightarrow Zn^{2+} + 2e^-$
② 正極…$Cu^{2+} + 2e^- \longrightarrow Cu$
③ 全体…$Zn + Cu^{2+} \longrightarrow Zn^{2+} + Cu$

〔ダニエル電池〕

▶ **ボルタ電池** [発展] …(－)Zn ｜ H₂SO₄aq ｜ Cu(＋)

① 負極…$Zn \longrightarrow Zn^{2+} + 2e^-$
② 正極…$2H^+ + 2e^- \longrightarrow H_2$
③ 全体…$Zn + 2H^+ \longrightarrow Zn^{2+} + H_2$
④ 分極…発生する H_2 が Cu 板を包み, 起電力が急激に低下する現象。◀この現象のため実用電池として使用できない。

※1800年, ボルタによって発明された最初の電池。

▶ **鉛蓄電池** [発展] …(－)Pb ｜ H₂SO₄aq ｜ PbO₂(＋)

① 全体…$\underset{(-)}{Pb} + 2H_2SO_4 + \underset{(+)}{PbO_2} \underset{充電}{\overset{放電}{\rightleftharpoons}} \underset{(-)}{PbSO_4} + 2H_2O + \underset{(+)}{PbSO_4}$

② 放電(充電)…両極の質量が増加(減少), 電解液の密度が減少(増加)。

▶ **マンガン乾電池** [発展] …(－)Zn ｜ ZnCl₂・NH₄Claq ｜ MnO₂・C(＋)

① 負極…$Zn \longrightarrow Zn^{2+} + 2e^- \Rightarrow Zn^{2+} \longrightarrow [Zn(NH_3)_4]^{2+}$ などに変化。
② 正極…$2H^+ + 2e^- + 2MnO_2 \longrightarrow 2MnO(OH)$ などに変化。

▶ **燃料電池** [発展]　(リン酸型燃料電池)　　　　　(アルカリ型燃料電池)
　　　　　　　　　(－)H₂ ｜ H₃PO₄aq ｜ O₂(＋)　(－)H₂ ｜ KOHaq ｜ O₂(＋)

① 負極…　$H_2 \longrightarrow 2H^+ + 2e^-$　　　$H_2 + 2OH^- \longrightarrow 2H_2O + 2e^-$
② 正極…　$O_2 + 4H^+ + 4e^- \longrightarrow 2H_2O$　$O_2 + 2H_2O + 4e^- \longrightarrow 4OH^-$
③ 全体…　$2H_2 + O_2 \longrightarrow 2H_2O$　　　$2H_2 + O_2 \longrightarrow 2H_2O$

基本問題

解答 → 別冊 p.38

197 電池の原理・しくみ

次のア〜オの各組の2種類の金属を電解質水溶液中に対立させて入れた装置について，あとの(1)，(2)にあてはまる組のすべてを，ア〜オで答えよ。

	ア	イ	ウ	エ	オ
A	Fe	Zn	Al	Cu	Cu
B	Zn	Ag	Pt	Sn	Ag

- (1) 2種類の金属A，Bを液外で導線でつないだとき，電流がAからBに流れる。
- (2) 2種類の金属A，B間の電圧が最も大きい。

ガイド 金属間のイオン化傾向の大小に着目する。

198 ダニエル電池 [発展]

右図はダニエル電池の概略図である。

- (1) 正極は Zn，Cu のどちらか。
- (2) 図中のアでは，電子はどの方向に流れるか。「→」「←」で示せ。
- (3) 図中のイ，ウの溶液の溶質を化学式で示せ。
- (4) 次のア〜ウのうち，図中のAに用いる容器筒として不適当なものはどれか。
   - ア 素焼き製
   - イ ガラス製
   - ウ ろ紙製
- (5) 正極・負極の各反応を1つにした反応をイオン反応式で表せ。

ガイド 電子と電流の流れる方向は逆である。

199 鉛蓄電池 [発展]

鉛蓄電池についての次の記述ア〜オのうち，誤っているものをすべて選べ。

- ア 希硫酸中に鉛板を対立させて入れた構造である。
- イ 放電によって，両極とも硫酸鉛(Ⅱ)が析出する。
- ウ 放電によって，希硫酸の濃度は変化しない。
- エ 充電は，鉛蓄電池の正極に電源の正極，負極に電源の負極をつなぐ。
- オ 充電によって，極も電解液も元に戻る。

ガイド $Pb + 2H_2SO_4 + PbO_2 \rightleftarrows PbSO_4 + 2H_2O + PbSO_4$ の反応式に着目する。
(−)　　(+)　　　(−)　　　　(+)

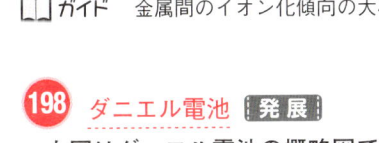

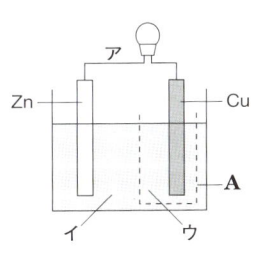

応用問題

200 〈差がつく〉［発展］次の(1)～(3)の各問いにそれぞれのア～エで答えよ。

(1) ダニエル電池の起電力は，溶液の濃度によって変化する。次のア～エのうち最も大きな起電力が得られるのはどれか。
　ア　Zn^{2+}，Cu^{2+} の濃度を両方とも大きくする。
　イ　Zn^{2+}，Cu^{2+} の濃度を両方とも小さくする。
　ウ　Zn^{2+} の濃度を大きくし，Cu^{2+} の濃度を小さくする。
　エ　Zn^{2+} の濃度を小さくし，Cu^{2+} の濃度を大きくする。

(2) 鉛蓄電池を充電するとき，次のうち正しいものはどれか。
　ア　溶液の密度は変わらない。
　イ　硫酸が減少するから，溶液の密度は小さくなる。
　ウ　硫酸が増加するから，溶液の密度は大きくなる。
　エ　鉛イオンが増加するから，溶液の密度は大きくなる。

(3) ボルタ電池について，次のア～エのうち，誤りを含むものはどれか答えよ。
　ア　電解液にはよく希硫酸が用いられる。
　イ　負極では亜鉛板が溶け出す。
　ウ　正極では水素が発生する。
　エ　一度放電すると，長時間電圧が安定する。

　📖ガイド　(1)放電によって，Zn が Zn^{2+} となり，Cu^{2+} が Cu となることに着目する。
　　　　　　(2)両極の $PbSO_4$ が H_2SO_4 に戻る。

201 ［発展］次のア～オの電池について，あとの(1)～(8)にあてはまるものをすべて選べ。

　ア　ダニエル電池　　イ　鉛蓄電池　　ウ　マンガン乾電池
　エ　燃料電池　　　　オ　ボルタ電池

(1) 負極が亜鉛である。
(2) 極が気体である。
(3) 電解液が希硫酸である。
(4) 放電によって，両極とも重くなる。
(5) 放電によって，生じる亜鉛イオンが，錯イオンなどに変化する。
(6) 放電によって，H_2O のみが生じる。
(7) 放電によって，正極に銅が析出する。
(8) 放電すると，すぐ両極間の電圧が大きく低下する。

21 電気分解 〔発展〕

テストに出る重要ポイント

▶ **電気分解** 〔発展〕…電解質水溶液などに直流電流を通じて反応(酸化還元反応)を起こさせること。
① 陽極…陰イオンが電子を失う。（酸化反応）
② 陰極…陽イオンが電子を受け取る。（還元反応）

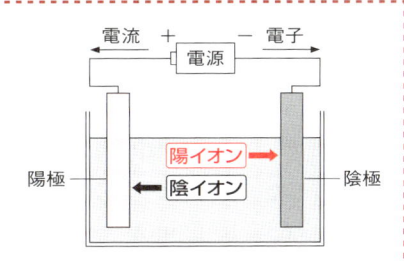

▶ **水溶液の電気分解生成物** 〔発展〕
① 陽極…白金電極または炭素電極の場合；
  a Cl^-やI^-が存在する場合；$2Cl^- \longrightarrow Cl_2 + 2e^-$, $2I^- \longrightarrow I_2 + 2e^-$
  b 塩基性水溶液の場合；$4OH^- \longrightarrow 2H_2O + O_2 + 4e^-$
  c 陰イオンがSO_4^{2-}, NO_3^-の場合；$2H_2O \longrightarrow O_2 + 4H^+ + 4e^-$（酸性を示す。）
  ▶銅電極の場合は、極がイオンとなる。$Cu \longrightarrow Cu^{2+} + 2e^-$（極板が溶ける）
② 陰極… a Cu^{2+}やAg^+が存在する場合；
  $Cu^{2+} + 2e^- \longrightarrow Cu$, $Ag^+ + e^- \longrightarrow Ag$
  b 酸性水溶液の場合；$2H^+ + 2e^- \longrightarrow H_2$
  c 陽イオンがK^+, Ca^{2+}, Na^+, Mg^{2+}, Al^{3+}の場合；（▶イオン化傾向が大きい金属）
  $2H_2O + 2e^- \longrightarrow H_2 + 2OH^-$ ➡ 塩基性を示す。

▶ **電気分解の生成量** 〔発展〕…**ファラデーの法則**
① 電子 1 mol 流れた ➡ 元素の析出量 $= \dfrac{1\,mol}{価数}$ イオンの変化量 $= \dfrac{1\,mol}{価数}$
② ファラデー定数 $F = 9.65 \times 10^4\,C/mol$（電子 1 mol の電気量）
  ▶電流〔A；アンペア〕×時間〔s〕＝電気量〔C；クーロン〕

基本問題　　　　　　　　　　　　　　　　　　　　　　解答 ➡ 別冊 *p.39*

202 電気分解 〔発展〕

電気分解について、次の(1), (2)の問いに答えよ。
□ (1) 電源から電子が流れ込むのは陽極、陰極のどちらか。
□ (2) 酸化反応が起こるのは陽極、陰極のどちらか。

203 水溶液の電気分解生成物 [発展]

次の水溶液を電気分解したとき，各極で生じる物質は何か。（ ）内は電極。
- (1) $CuCl_2$(Pt)
- (2) $AgNO_3$(Pt)
- (3) Na_2SO_4(Pt)
- (4) KOH(Pt)
- (5) $CuSO_4$(Cu)

例題研究 10. 硫酸銅(Ⅱ)水溶液を白金電極を用いて 5.0 A で 16 分 5 秒間電気分解した。次の(1)〜(3)の問いに答えよ。（原子量：$Cu=63.6$，ファラデー定数 $=9.65×10^4\,C/mol$）

(1) 流れた電気量は何 C か。
(2) 陰極に析出した銅の質量は何 g か。
(3) 陽極に発生した酸素は標準状態で何 L か。

[着眼] (1) 電流〔A〕×時間〔s〕＝電気量〔C〕
(2)(3) 電子 1 mol 流れると，$\dfrac{1}{価数}$ mol の原子が析出する。気体は分子であることに着目する。

[解き方] (1) $5.0×(60×16+5)=4825\,C$

(2) 流れた電子の物質量は，$\dfrac{4825\,C}{9.65×10^4\,C/mol}=0.0500\,mol$

$Cu^{2+} \longrightarrow Cu$ 原子 $\dfrac{1}{2}$ mol より，$\dfrac{63.6\,g/mol}{2}×0.0500\,mol=1.59\,g$

(3) 電子 1 mol ➡ $O^{2-} \longrightarrow O$ 原子 $\dfrac{1}{2}$ mol $\longrightarrow O_2$ 分子 $\dfrac{1}{4}$ mol より，

$22.4\,L/mol × \dfrac{1}{4} × 0.0500\,mol = 0.280\,L$

答 (1) 4825 C　(2) 1.59 g　(3) 0.280 L

---

204 水溶液の電気分解生成量 [発展]

硝酸銀水溶液を白金電極を用いて 10 A で電気分解した。すると，陰極に銀が 10.8 g 析出した。原子量 $Cu=63.6$，$Ag=108$，ファラデー定数 $=9.65×10^4\,C/mol$ として，次の(1)〜(3)の問いに答えよ。

(1) 流れた電気量は何 C か。
(2) 電気分解した時間は何分か。
(3) 同じ電流，同じ時間で，次の a，b の水溶液を電気分解すると，各極で何がどれだけ析出したか。固体の場合は質量(g)，気体の場合は標準状態での体積(L)で答えよ。なお，気体は水に溶けないものとする。
  a 硫酸銅(Ⅱ)水溶液　　b 食塩水

応用問題

205 [発展] 次の水溶液ア〜カを，（ ）内の電極を用いて電気分解したとき，下の(1)〜(5)に該当するものをすべて選べ。ただし，同じものを繰り返し答えることがある。

ア $CuCl_2$(Pt)　　　イ $AgNO_3$(Pt)　　　ウ $NaCl$(Pt)
エ Na_2SO_4(Pt)　　オ H_2SO_4(Pt)　　　カ $CuSO_4$(Cu)

- (1) 両極とも気体が発生する。
- (2) 極板付近の水溶液が塩基性になる。
- (3) 水の電気分解となる。
- (4) 水溶液がまったく変化しない。
- (5) 水溶液の溶質は変わらないが，濃度が増加する。

📖 ガイド　H_2 が発生すると，OH^- が生成し，O_2 が発生すると，H^+ が生成する。H_2 と O_2 が発生すると，水の電気分解となる。

206 [発展] 希硫酸水溶液に白金電極を入れて電気分解したところ，両極の気体の総体積が標準状態で840 mL発生した。原子量 Ag＝108，ファラデー定数＝9.65×10^4 C/mol として，次の(1)，(2)の問いに答えよ。

- (1) 流れた電気量は何クーロンか。
- (2) 硝酸銀水溶液を，白金電極を用いて同じ電気量で電気分解すると，各極に何がどれだけ析出するか。気体の場合は標準状態での体積で答えよ。

207 ◀差がつく▶ [発展] 塩化銅(Ⅱ)水溶液と硝酸銀水溶液を別々の容器にとり，白金電極を入れて右図のようにつないで電気分解したら，A極に1.59 gの物質が析出した。原子量 Cu＝63.6，Ag＝108，ファラデー定数＝9.65×10^4 C/mol として次の問いに答えよ。

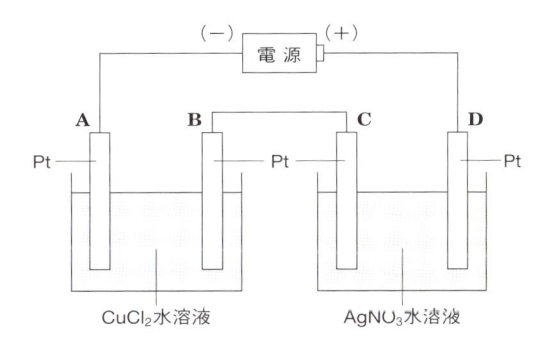

- (1) 流れた電気量は何クーロンか。
- (2) この電気分解に要した時間が30分とすると，流れた電流は平均何Aか。
- (3) B，C，D極に生成した物質は何か。また，金属の場合はその質量，気体の場合は標準状態の体積(L)で答えよ。なお，気体は水に溶けないとする。

📖 ガイド　各極に同じ電気量が流れる。気体の分子の物質量は原子の物質量の1/2となる。

執筆協力；目良誠二
図　　版；甲斐美奈子　　小倉デザイン事務所

シグマベスト	編　者　文英堂編集部
シグマ基本問題集	発行者　益井英郎
化学基礎	印刷所　NISSHA 株式会社
	発行所　株式会社 文英堂

本書の内容を無断で複写(コピー)・複製・転載することは，著作者および出版社の権利の侵害となり，著作権法違反となりますので，転載等を希望される場合は前もって小社あて許諾を求めてください。

〒601-8121　京都市南区上鳥羽大物町28
〒162-0832　東京都新宿区岩戸町17
(代表)03-3269-4231

Ⓒ BUN-EIDO　2012　Printed in Japan

●落丁・乱丁はおとりかえします。

シグマ基本問題集 化学基礎

正解答集

- ➡ 検討 で問題の解き方が完璧にわかる
- ➡ テスト対策 で定期テスト対策も万全

文英堂

1 化学とその利用

基本問題 ……………………… 本冊 p.4

1
[答] (1) ウ　(2) エ　(3) イ

[検討] (1)化合力が弱い金や白金は，化合しないで単体として天然に存在している。
(2)アルミニウムは，化合力が強く，発見は1825年であり，融解塩電解によって得られたカリウムによる還元によって得られた。
　アルミニウムは，酸化アルミニウム Al_2O_3 の融解塩電解によって得られるが，Al_2O_3 の融点が高いため融剤として氷晶石 Na_3AlF_6 が必要であり，1886年，アメリカのホールが工業的製法に成功して初めて大量生産されるようになった。
(3)われわれが利用している金属の約90％が鉄である。

[テスト対策]
▶ Al, Na, K など化合力の強い金属
　⇨ 製錬；**融解塩電解**による。
　⇨ 発見は19世紀はじめ（ボルタ電池によって分離した。ボルタ電池が発明されたのは1800年）

2
[答] (1) イ　(2) エ

[検討] (1)水晶は天然に存在する二酸化ケイ素の結晶である。
(2)セロハンは，材木から得られたパルプを溶かして再生したもので，成分はセルロース $(C_6H_{10}O_5)_n$ である。

応用問題 ……………………… 本冊 p.5

3
[答] (1) イ　(2) エ　(3) ア

[検討] (1)化合力の強いアルミニウムは，融解塩電解によって得られる。
(2)銅の製錬は，紀元前3000年以前から行われている。なお，自然銅が存在するため，銅の存在は古くから知られていた。
(3)化合力の弱い白金や金は，単体として存在している。

4
[答] (1) エ　(2) イ　(3) ウ　(4) ア

[検討] (1)絹は動物性繊維で成分はタンパク質，木綿は植物性繊維で成分はセルロース。
(2)ナイロンやポリエステルは，石油からつくられる合成繊維である。
(3)金やダイヤモンドは天然に存在する。
(4)セメントは石灰石と粘土を回転炉に入れて1500℃で加熱した後，硫酸カルシウムを加えて粉末にしたものである。なお，粘土は含水ケイ酸塩鉱物の集合体であり，二酸化ケイ素 SiO_2 がおもな骨格をつくっている。
　ガラスには，**ソーダ石灰ガラス**や**カリガラス**などいろいろなガラスがあるが，いずれもケイ砂（主成分 SiO_2）を原料として石灰石などと強熱してつくる。

5
[答] ウ

[検討] 「酸化されにくい」ということは，空気中で変化しにくいことを示す。これによって，**プラスチックは廃棄されても分解されず，地球上に蓄積されていく**ことになり，「酸化されにくい」とは地球環境上好ましくない最大の性質である。

2 化学とその役割

基本問題 ……………………… 本冊 p.6

6
[答] ア；化学　イ；殺虫　ウ；除草

[検討] ア；堆肥や排泄物などの**天然肥料**に対し，工場で大量生産される肥料が**化学肥料**である。

7〜11 の答え

7

答 (1) ウ　(2) ア　(3) イ

検討 (1)シリカゲルはケイ酸 $SiO_2 \cdot nH_2O$ を加熱脱水して得られる。多孔質であり，表面に水や気体を吸着するので，乾燥剤として用いられる。
(2)鉄粉は酸素と反応して酸素を除く，脱酸素剤に利用される。
(3)食物の腐敗は，カビや細菌の繁殖によって起こるため，これらの生育を抑制する防腐剤が用いられる。

8

答 (1) イ，オ　(2) イ，ウ

検討 (1)セッケン（ソーダセッケン）は，油脂と水酸化ナトリウム水溶液を加熱してできるナトリウム塩である。
(2)合成洗剤は，石油を原料として硫酸と水酸化ナトリウム水溶液を作用させてできるナトリウム塩である。

応用問題　　　　　　　　本冊 p.7

9

答 (1) ウ，キ　(2) ア，オ　(3) カ，ク
(4) イ，エ

検討 (1)堆肥は，草や枯れ葉などを積み重ねて腐らせた天然肥料である。天然肥料にはほかにも油かす，魚粉，排泄物などがある。
(2)硫安は硫酸アンモニウム $(NH_4)_2SO_4$ であり，窒素の化学肥料。過リン酸石灰はリン酸二水素カルシウム $Ca(H_2PO_4)_2$ と硫酸カルシウム $CaSO_4$ の混合物で，リンの化学肥料である。
(3)害虫を除く殺虫剤，雑草の生育を妨げる除草剤が農薬として用いられる。
(4)防腐剤や酸化防止剤のほか，酸味料や着色料などが食品添加物として用いられる。

10

答 (1) エ，オ　(2) ア，カ　(3) イ，ウ

検討 (1)エ：弱酸である脂肪酸（－COOH を含

む化合物）と強塩基である水酸化ナトリウムからなる塩で，水溶液は塩基性を示す。
オ：セッケンは硬水中に含まれている Ca^{2+}，Mg^{2+} と反応して沈殿する。
(2)ア：合成洗剤は，石油が原料の1つである。
カ：合成洗剤の水溶液は中性を示し，絹や羊毛を傷めない。
(3)イ：ともに NaOH 水溶液を加えて塩とする。
ウ：ともに親油性である長い炭化水素基と，親水性である電離部分をもち，油脂を水に混じらせて洗浄作用を示す。

✏ テスト対策

▶セッケンと合成洗剤の比較

	セッケン	合成洗剤
はたらき	ともに界面活性剤	
水溶液	塩基性 ⇒絹・羊毛に不適	ほぼ中性 ⇒絹・羊毛に適する
硬　水	沈殿する ⇒硬水で能力低下	沈殿しない ⇒硬水でも洗濯可能

3　物質の成分と元素

基本問題　　　　　　　　本冊 p.9

11

答 混合物：イ，ウ，キ，ク，コ
　　純物質：ア，エ，オ，カ，ケ

検討 〔混合物〕イ：空気は窒素や酸素などの混合気体である。
ウ：水にさまざまなイオンなどが溶けている。
キ：粘土はケイ酸塩（SiO_2 を含む塩）鉱物の集合体である。
ク：石油は，さまざまな炭化水素の混合物。
コ：水に牛乳の成分である糖類や油脂が混じっている。

〔純物質〕窒素，エタノール，鉄はそれぞれ1種類の物質である。ダイヤモンドは炭素原子からなる結晶であり，ドライアイスは二酸化炭素からなる結晶である。

12

答 (1) ウ (2) ア (3) カ (4) エ
(5) イ

検討 (1)石油(原油)はさまざまな炭化水素の混合物であり，沸点の差を利用して分離する。
(2)沈殿を分離するのはろ過である。
(3)ヨウ素の結晶は，加熱すると直接気体となる(昇華する)。
(4)高温の飽和水溶液を冷却すると，硝酸カリウムの結晶が析出し，食塩は析出せずに溶液中に残る。
(5)本冊 **p.8** の図参照

13

答 (1) ①温度計の球部は溶液中に入れない。
②リービッヒ冷却器への水の送る方向が逆。
③アダプターの先にゴム栓をつけない。
(2) 沸騰石 (3) ①食塩水；黄色，
蒸留水；無色 ②食塩水；白色沈殿が生成，
蒸留水；変化なし

検討 (1)蒸留における温度は，蒸気の温度を測る。冷却水を上から下へ流すと外管の低部側を通り，冷却器内に水がたまらず，十分に冷却されない。三角フラスコの口は密閉しない。
(3) Na^+ の炎色反応は黄色。
$Ag^+ + Cl^- \longrightarrow AgCl \downarrow$ (白色沈殿)

テスト対策
▶蒸留装置；a)温度 ⇨ 蒸気の温度を測る。
　b)冷却器の水 ⇨ 下から送る。
▶元素の検出；a)Na^+ ⇨ 炎色反応が黄色。
　b)Cl^- ⇨ 硝酸銀水溶液によって白色沈殿 AgCl。

14

答 (1) 炭素 (2) 塩素 (3) ナトリウム
検討 (1)石灰水に通じて白色沈殿が生じるのは二酸化炭素 CO_2 であり，化合物 **A** の成分元素として炭素 C が含まれている。
(2) $Ag^+ + Cl^- \longrightarrow AgCl \downarrow$ の沈殿反応が起こる。白色沈殿は塩化銀で，化合物 **B** の成分元素として塩素 Cl が含まれている。
(3)黄色の炎色反応はナトリウム Na であり，化合物 **C** の成分元素としてナトリウム Na が含まれている。

15

答 単体；ア，ウ，オ，キ
化合物；イ，エ，カ，ク

検討 1種類の元素からなる物質が単体であり，2種類以上の元素からなる物質が化合物である。化学式は次のとおりである。
ア；Au　　イ；CH_4　　ウ；H_2
エ；H_2SO_4　オ；C　　カ；H_2O
キ；O_3　　ク；NH_3

16

答 (1) 単体 (2) 元素 (3) 元素
(4) 単体

検討 元素はその物質の成分であり，単体は1種類の元素からなる物質である。
(1)窒素や酸素の気体物質の混合物である。下線部は単体を示している。
(2)下線部は地殻の成分元素である酸素を示している。
(3)下線部は水の成分元素である酸素を示している。
(4)水から得られる気体物質の酸素なので，下線部は単体を示している。

テスト対策
▶**元素**は，その物質の**成分**
　⇨ 物質ではない。
▶**単体**は，1種類の元素からなる**物質**
　⇨ 具体的な物質をさす。

17

答 ウ，オ
検討 同素体は，同じ元素からなる単体で，互

いに性質が異なる物質。
ア：フッ素 F_2 と塩素 Cl_2 は17族の元素からなる単体。
イ：同じ元素の組み合わせからなるが化合物なので，同素体ではない。
エ：カリウム K とナトリウム Na は1族の元素からなる単体。

> **テスト対策**
> ▶同素体の存在する元素
>   ⇨ 硫黄 S，炭素 C，酸素 O，リン P
>   S　C　O　P
>   （スコップと覚える）

応用問題　　　　　　　　本冊 p.10

18
|答| ③
|検討| 純物質の凝固点は圧力一定のもとでは常に一定で，全部凝固するまで凝固点が変わらない。混合物では，凝固しはじめると，凝固点が変化する（低くなる）。

19
|答| (1) イ　(2) ウ　(3) ア　(4) エ
(5) オ
|検討| (1)液体空気において，窒素や酸素の沸点の差で分離する。よって分留。
(2)加熱して発生する水蒸気を冷却して液体にすることによって分離する。よって蒸留。
(3)固体の泥をろ過で分離する。
(4)油脂を溶かすエーテルによって分離する。よって抽出。
(5)再結晶した結晶は純物質であり，不純物は溶液中に存在している。

20
|答| オ
|検討| 単体は1種類の元素からなる物質であり，ア～エは，いずれも物質を示している。
　元素は物質の成分であり，オのカルシウムは，歯や骨の成分を示している。

21
|答| (1) ア，エ，コ　(2) ア
(3) オ，ケ，サ，シ　(4) オとサ
(5) イ，キ　(6) イ，ク
|検討| (2)分留は沸点の差による分離で，空気は液体空気として分留する。なお，海水を分留することによって水は分離できるが，塩類は分離できない。
(4)ダイヤモンドと黒鉛は C からなる同素体である。
(5) Na からなる化合物で，イの NaCl，キの NaOH。
(6) Cl からなる化合物で，イの NaCl，クの $CaCl_2$。

4 物質の状態変化

基本問題　　　　　　　　本冊 p.13

22
|答| (1) T_1；融点，T_2；沸点
(2) BC 間；固体と液体が共存している状態。
　　DE 間；液体と気体が共存している状態。
(3) 加えられた熱エネルギーは状態変化に使われ，物質の温度上昇には使われないから。
(4) AB 間の状態　(5) 昇華
|検討| (1)融解する温度が融点であり，沸騰する温度が沸点である。
(2)(3)融解では，固体の粒子の配列をくずすために，熱エネルギーが吸収される。このため物質がすべて液体になるまで温度は上昇しない。この間，固体と液体が共存している。
　沸騰では，液体の粒子間の引力に打ち勝って粒子が飛び出すために，熱エネルギーが吸収される。このため物質がすべて気体になるまで温度は上昇しない。この間，液体と気体が共存している。

(4) AB間は固体の状態であり，EF間は気体の状態である。固体では粒子が互いに接しているが，気体では互いに離れた状態にあるから，密度は固体であるAB間のほうが大きい。
(5) 固体から直接気体になる変化を**昇華**という。（気体から直接固体になる逆の変化も昇華とよばれることがある。）

テスト対策
▶ 分子のもつエネルギー
　⇨ **固体＜液体＜気体**
▶ 融点・沸点 ⇨ 加えられたエネルギーが状態変化に使われるので，**温度は一定**。

㉓
答 (1) 気体　(2) 液体　(3) 固体
(4) 固体　(5) 気体

検討 (1) 気体は分子間の距離が非常に大きい。
(2) 液体は，分子は互いに接しているが，位置が入れ替わることができる。そのため，容器に合わせて形を変えることができる。
(3) 固体は，分子が決まった位置にあるため，分子間の距離は一定である。
(4) 分子のもつエネルギーが大きくなると，分子の熱運動が活発になる。分子のもつエネルギーは固体が最も小さく，気体が最も大きい。
(5) 分子間力は，分子間の距離が近いほど大きくなる。気体は分子間の距離が非常に大きいため，固体や液体に比べて分子間力の影響が小さい。

㉔
答 (1) 停止状態　(2) 絶対零度
(3) a：270 K　b：373 K
(4) a：−263 ℃　b：27 ℃

検討 (1) 温度を下げていき，−273 ℃になると理論上，熱運動が停止する。
(3) $T\,[\text{K}] = t\,[\text{℃}] + 273$ より，
　a：$-3 + 273 = 270\,\text{K}$
　b：$100 + 273 = 373\,\text{K}$
(4) a：$10 = t + 273$　∴　$t = -263\,\text{℃}$
　b：$300 = t + 273$　∴　$t = 27\,\text{℃}$

テスト対策
▶ セ氏温度(セルシウス温度) $t\,[\text{℃}]$ と絶対温度 $T\,[\text{K}]$
　⇨ $T = t + 273$

㉕
答 物理変化：ア，ウ，カ
　　　化学変化：イ，エ，オ

検討 化学変化では化学式が変化するが，物理変化では化学式が変化しない。
ア；固体から気体への状態変化なので，物理変化である。なお，氷も水蒸気も分子式は同じ H_2O である。
イ；$2H_2 + O_2 \longrightarrow 2H_2O$
　水素 H_2 が水 H_2O に変化しているので，化学変化。
ウ；食塩水から水を蒸発させると，食塩が残る。化学式は変化していないので，物理変化。
エ；$NaCl + AgNO_3 \longrightarrow AgCl\downarrow + NaNO_3$
　硝酸銀 $AgNO_3$ が塩化銀 $AgCl$ に変化しているので，化学変化。
オ；$Zn + 2AgNO_3 \longrightarrow Zn(NO_3)_2 + 2Ag$
　硝酸銀 $AgNO_3$ が銀 Ag に変化しているので，化学変化。
カ；硝酸カリウムの結晶を高温の水に溶かすと，硝酸カリウム水溶液となり，冷却すると硝酸カリウムの結晶が得られた。水溶液中では，各イオンは水和(水分子と静電気的な引力によって引き合う現象)しているため，厳密には物理変化といえないが，習慣として物理変化としている。

応用問題　　　　本冊 p.14

㉖
答 イ

検討 ア；固体の状態より液体の状態のほうが分子の熱エネルギーが大きく，熱運動が活発なので，分子からなる物質の多くは，液体の状態のほうが固体の状態より分子間の距離が大きい。

[参考]多くの物質では，固体のほうが液体より密度が大きい。ただし，水は例外で氷のほうが水より密度が小さい。
イ：100℃の水と100℃の水蒸気を比較すると，蒸発熱の分だけ，水蒸気のほうがエネルギーが大きい。
ウ：液体のほうが固体よりエネルギーが大きい。そのエネルギー差の分だけ熱として放出される。
エ：固体が直接気体になる変化を昇華という。（気体が直接固体になる逆の変化も昇華とよばれることがある。）
オ：温度が高くなると，分子の熱エネルギーが大きくなり，分子の運動速度が大きくなるので，分子間の距離が大きくなる。

㉗

答 (1) イ　(2) ウ

検討 (1)イ：融解熱は，結晶中の粒子の規則正しい配列を崩すエネルギーであるのに対し，蒸発熱は，集合している粒子を十分に遠くへ引き離すエネルギーである。したがって，融解熱より蒸発熱の方が大きい。
(2) ア，ウ：−273℃を絶対零度といい，最も低い温度である。このように，低温には限度があるが，高温には限度がない。

㉘

答 (1) **152.5 kJ** (2) a 融解熱：**0.30 kJ** 蒸発熱：**0.60 kJ** b **150 kJ**

検討 (1) 0℃の氷50gを，0℃の水にするのに要する熱量は，
$$0.33\,\text{kJ} \times 50 = 16.5\,\text{kJ}$$
0℃の水50gを100℃の水にするのに要する熱量は，
$$4.2 \times 10^{-3}\,\text{kJ} \times 50 \times 100 = 21.0\,\text{kJ}$$
100℃の水の50gを，100℃の水蒸気にするのに要する熱量は，
$$2.3\,\text{kJ} \times 50 = 115\,\text{kJ}$$
よって，0℃の氷50gを，100℃の水蒸気にするのに要する熱量は，
$$16.5\,\text{kJ} + 21.0\,\text{kJ} + 115\,\text{kJ} = 152.5\,\text{kJ}$$

(2) a：求める融解熱は，
$$\frac{2.0\,\text{kJ} \times (4-1)}{20\,\text{g}} = 0.30\,\text{kJ}$$
また，求める蒸発熱は，
$$\frac{2.0\,\text{kJ} \times (16-6)}{20\,\text{g}} = 0.60\,\text{kJ}$$
b：t〔℃〕のこの固体20gを，気体にするのに要する熱量は，
$$6.0\,\text{kJ} + 2.0\,\text{kJ} \times (10-4) + 12.0\,\text{kJ} = 30.0\,\text{kJ}$$
求めるのはこの固体100gの場合なので，
$$30.0\,\text{kJ} \times \frac{100\,\text{g}}{20\,\text{g}} = 150\,\text{kJ}$$

㉙

答 ア

検討 ア：領域 **D** では，**液体と気体が共存**。
イ：蒸気圧は，温度が高いほど大きい。
ウ：1gあたりの融解熱は$\frac{Q_2 - Q_1}{m}$である。
エ，オ：圧力を変えると，沸点・融点は変化する。それに伴い，Q_1の値も変化する。
カ：質量を大きくすると，Q_3が大きくなる。
キ：質量が変化しても融点は変わらない。

5 原子の構造と電子配置

基本問題 ・・・・・・・・ 本冊 *p.17*

㉚

答 ア：**11** イ：**11** ウ：**11** エ：**12**
オ：**23** カ：$^{35}_{17}\text{Cl}$ キ：**17** ク：**17**
ケ：**35**

検討 Naは質量数23，原子番号11。
エ：23−11＝12。
カ：陽子の数17からCl。
ケ：質量数は17＋18＝35。

テスト対策
▶原子番号＝陽子の数＝電子の数
▶質量数＝陽子の数＋中性子の数

㉛

答 (1) ウ，エ　(2) ア，ウ　(3) イ，ウ

32〜37 の答え

検討 (1)同位体は，原子番号（陽子の数）が同じで，質量数が互いに異なる原子である。
(2)(3)陽子の数，中性子の数は順に，
ア；6，8　イ；7，7　ウ；8，8
エ；8，9　オ；9，10

32

答 ア；$2×1^2$　イ；8　ウ；$2×2^2$
エ；18　オ；$2×3^2$　カ；32
キ；$2×4^2$　ク；50

検討 最大電子数は$2×n^2$と表すことができ，K殻，L殻，M殻，N殻，O殻の順に，$n=$1，2，3，4，5を代入する。

33

答 (1) イ　(2) ア　(3) イとエ

検討 (1)内側から2番目の電子殻に電子が2個入っている原子を選ぶ。
(2)希ガス原子である，アのヘリウム。
(3)価電子の数が同じ2個であるイとエ。アは希ガスで価電子の数は0。

> **テスト対策**
> ▶希ガスの最外殻の電子の数
> 　He が2個，他は8個。
> ⇨価電子の数は0

34

答 イ

検討 原子番号の順に，価電子は，1・2，1〜7，1〜7，…のように周期的に変化する。

35

答 (1) カ　(2) ウ　(3) オ，カ
(4) b　(5) c

検討 (1)希ガスは18族。
(2)遷移元素は3族〜11族。
(3)非金属元素は，典型元素の右上。
(4)周期表の左側・下側の元素ほど陽性が強く，陽イオンになりやすい。
(5)18族を除いて，右側・上側の元素ほど陰性が強く，陰イオンになりやすい。

応用問題 ……………… 本冊 *p.18*

36

答 ア，オ

検討 ア；元素は原子番号（陽子の数）によって決まり，同じ元素の原子は，すべて陽子の数が等しい。
イ；2つの原子は陽子の数が等しい。同位体は，陽子の数が同じで，質量数が互いに異なる原子である。
ウ；陽子1個の質量数は1である。
オ；同じ元素の原子は，原子番号は同じであるが，質量数の異なる同位体があり，質量が異なる原子がある。

37

答 (1) オ，カ　(2) エ　(3) オとキ
(4) キ　(5) ウ

検討 (1)最外殻電子がM殻にあるのは，第3周期の元素である。原子番号11〜18の元素を選べばよい。
(2)価電子の数が0であるのは希ガス原子である。原子番号は各周期の元素の数の合計であり，2，10(=2+8)，18(=2+8+8)である。
(3)互いに同族元素である原子は，価電子の数が互いに等しい原子である。価電子の数は，原子番号と希ガスの原子番号の差。
オ；11−10=1，キ；19−18=1
(4)周期表の左側・下側の元素ほど陽性が強く，陽イオンになりやすい。あてはまるのは，1族の原子番号の大きい元素。
(5)周期表の右側・上側（18族を除く）ほど陰性が強く，陰イオンになりやすい。あてはまるのは17族の原子番号の小さい元素。

> **テスト対策**
> ▶次の関係を覚えておこう。
> 　周　　期 ⇨ 1　2　3　4
> 　元素の数 ⇨ 2　8　8　18
> 　価電子の電子殻 ⇨ K　L　M　N

38〜44 の答え

38
答 (1) ○ (2) × (3) ○

検討 (1)化学的性質は，電子配置によって決まる。同位体は同じ電子配置である。
(2)同位体は，原子番号が同じなので，同じ元素だが，質量数が異なるから，質量が異なる。
(3)反応しても原子核は変化しない。

39
答 (1) **12** (2) **典型元素** (3) **金属元素**

検討 (1)価電子が M 殻にあるのは第3周期の元素であり，第1周期，第2周期の元素の数はそれぞれ2，8であるから，原子番号は，
$2+8+2=12$
(2)第3周期までは，すべて典型元素。
(3)典型元素で価電子を2個もつのは2族元素である。2族元素は金属元素。

40
答 (1) **E** (2) **B と D** (3) **F**
(4) **A，B** (5) **D**

検討 (1)希ガスの最外殻の電子数は，He 以外は8個である(He は2個)。
(2)価電子の数が互いに等しいもの。A と G も価電子数が等しいが，A は2族の Be(原子番号4)，G は3族の Sc(原子番号21)。
(3)1殻で原子番号の大きいもの。
(4)最外殻電子の入っているのが L 殻のもの。
(5)E が Ar であるから，これより原子番号2少ないもの。

41
答 (1) **16** (2) ア；**a**，イ；**e**，ウ；**f**，
エ；**i**，オ；**o** (3) ① K；**2**，L；**2**
② K；**2**，L；**6** ③ K；**2**，L；**8**，M；**1**
④ K；**2**，L；**8**，M；**8**
(4) **h，p** (5) **h** (6) **20**

検討 (1)第1周期の元素の数は2より，原子番号は，$2+8+6=16$
(2)価電子の数が，族の番号の下1桁の数に等しい(18族を除く)ことに着目する。
(4)原子番号2は He であり，18族元素。

(5)2価の陽イオンになるから，j より原子番号2小さい元素。
(6) o の原子番号は17。質量数＝陽子の数(原子番号)＋中性子の数より，$37-17=20$

6 イオン結合とその結晶

基本問題 ……… 本冊p.21

42
答 ア；**1** イ；**ネオン** ウ；**7**
エ；**アルゴン** オ；**イオン**

検討 価電子を放出して陽イオンとなり，電子を受け入れて陰イオンとなる。どちらのイオンも安定な希ガスと同じ電子配置となる。
　これらの陽イオンと陰イオン間の結合がイオン結合である。

43
答 (1) **ウ，10** (2) **イ，10** (3) **オ，18**
(4) **エ，10**

検討 各原子の安定なイオン(下線部)とその電子の数：
ア：Be ⟶ $\underline{Be^{2+}} + 2e^-$，$4-2=2$
イ：F + e^- ⟶ $\underline{F^-}$，$9+1=10$
ウ：Na ⟶ $\underline{Na^+} + e^-$，$11-1=10$
エ：Al ⟶ $\underline{Al^{3+}} + 3e^-$，$13-3=10$
オ：S + $2e^-$ ⟶ $\underline{S^{2-}}$，$16+2=18$
カ：Ca ⟶ $\underline{Ca^{2+}} + 2e^-$，$20-2=18$

> **テスト対策**
> ▶イオンの電子数
> 陽イオン＝原子番号－価数
> 陰イオン＝原子番号＋価数

44
答 (1) **ア** (2) **イ，ウ，エ**
(3) **オ，カ**

検討 各原子の安定なイオン(下線部)と電子配置と同じ原子は以下のとおり。
ア：Li ⟶ $\underline{Li^+} + e^-$，He
イ：O + $2e^-$ ⟶ $\underline{O^{2-}}$，Ne

ウ；Na $\longrightarrow$ Na$^+$ + e$^-$，Ne
エ；Mg $\longrightarrow$ Mg^{2+} + 2e$^-$，Ne
オ；Cl + e$^-$ $\longrightarrow$ Cl$^-$，Ar
カ；K $\longrightarrow$ K$^+$ + e$^-$，Ar

> ✎ テスト対策
> ▶典型元素の安定なイオンの電子配置
> ＝希ガスの電子配置
> Li$^+$，Be^{2+} ⇨ He
> O^{2-}，F$^-$，Na$^+$，Mg^{2+}，Al^{3+} ⇨ Ne
> S^{2-}，Cl$^-$，K$^+$，Ca^{2+} ⇨ Ar

45
[答] (1) Na (2) He (3) F
[検討] (1)イオン化エネルギーは，周期表の左側・下側の元素ほど小さい。よって，あてはまる元素は1族のNa。
(2)イオン化エネルギーは，周期表の右側・上側の元素ほど大きい。よって，あてはまる元素は18族のHe。
(3)電子親和力は，周期表の18族を除く，右側の元素ほど大きい。よって，あてはまる元素は17族のF。

> ✎ テスト対策
> ▶イオン化エネルギーが小さい。
> ⇨ 陽イオンになりやすい。
> ⇨ 周期表の左側・下側の元素ほど小さい。
> ▶電子親和力が大きい。
> ⇨ 陰イオンになりやすい。
> ⇨ 周期表の右側(18族を除く)の元素ほど大きい。

46
[答] (1) K$^+$ > Na$^+$ > Li$^+$ (2) Br$^-$ > Cl$^-$ > F$^-$
(3) Na$^+$ > Mg^{2+} > Al^{3+} (4) O^{2-} > F$^-$ > Na$^+$
(5) S^{2-} > Cl$^-$ > F$^-$ (6) S^{2-} > O^{2-} > Na$^+$

[検討] (1)(2)同族のイオンどうしであり，原子番号が大きいイオンほど半径が大きい。
(3)(4)同じ電子配置のイオンどうしであり，原子番号の小さいイオンほど半径が大きい。

(5) Cl$^-$ と F$^-$ は同族のイオンどうしで Cl$^-$ > F$^-$，Cl$^-$ と S^{2-} は同じ電子配置のイオンどうしで S^{2-} > Cl$^-$。
(6) S^{2-} と O^{2-} は同族のイオンどうしで S^{2-} > O^{2-}，Na$^+$ と O^{2-} は同じ電子配置のイオンどうしで O^{2-} > Na$^+$。

> ✎ テスト対策
> ▶イオン半径の大小
> ⇨ 同族元素のイオンでは，原子番号の大きいイオンほど半径が大きい。
> ⇨ 同じ電子配置のイオンでは，原子番号の小さいイオンほど半径が大きい。

47
[答] イ
[検討] イオン結晶は，固体の状態では電気を通さないが，加熱融解すると電気を通す。

48
[答] ア；Na$_2$SO$_4$ イ；Na$_3$PO$_4$
ウ；MgCl$_2$ エ；MgSO$_4$ オ；Mg$_3$(PO$_4$)$_2$
カ；FeCl$_3$ キ；Fe$_2$(SO$_4$)$_3$ ク；FePO$_4$

[検討] 陽イオンと陰イオンのそれぞれの電荷の合計が等しくなるようにする。
ア；Na$^+$…価数1，個数2
   SO$_4$$^{2-}$…価数2，個数1
イ；Na$^+$…価数1，個数3
   PO$_4$$^{3-}$…価数3，個数1
ウ；Mg^{2+}…価数2，個数1
   Cl$^-$…価数1，個数2
エ；Mg^{2+}…価数2，個数1
   SO$_4$$^{2-}$…価数2，個数1
オ；Mg^{2+}…価数2，個数3
   PO$_4$$^{3-}$…価数3，個数2
カ；Fe^{3+}…価数3，個数1
   Cl$^-$…価数1，個数3
キ；Fe^{3+}…価数3，個数2
   SO$_4$$^{2-}$…価数2，個数3
ク；Fe^{3+}…価数3，個数1
   PO$_4$$^{3-}$…価数3，個数1

> **テスト対策**
> ▶組成式の書き方
> （陽イオンの価数）×（陽イオンの数）
> ＝（陰イオンの価数）×（陰イオンの数）

応用問題 ……………………… 本冊 p.22

㊾
[答] ウ
[検討] 電子配置は，Na^+，F^-，Mg^{2+} は Ne と同じであり，Cl^-，K^+，Ca^{2+} は Ar と同じである。

㊿
[答] (1) c (2) e (3) g
[検討] (1)イオン化エネルギーが小さい原子ほど陽イオンになりやすい。したがって，イオン化エネルギーの最小のものを選ぶ。
(2)希ガスは電子配置が安定であり，陽イオンになりにくく，イオン化エネルギーが大きい。したがって，最大のものを選ぶ。
(3)電子親和力が大きい原子ほど陰イオンになりやすく，18族を除いた周期表の右側の元素で，17族の元素である。したがって，イオン化エネルギーの2番目に大きいものを選ぶ。

51
[答] イ，オ
[検討] ア，ウ：原子番号が13であるから，陽子の数も13である。質量数が27であるから，中性子の数は，$27-13=14$
イ，エ：電子の数は，陽イオンで価数が3であるから，$13-3=10$
オ：電子配置は，原子番号10の Ne と同じ。

52
[答] ウ
[検討] 各イオンと同じ電子配置の希ガス；
ア：F^- は Ne，Cl^- は Ar
イ：Ca^{2+} は Ar，Br^- は Kr
ウ：K^+，S^{2-}，Cl^- は，いずれも Ar

エ：Na^+，F^- は Ne，K^+ は Ar
オ：H^+ は陽子（質量数2の重水素や，質量数3の三重水素の陽イオンは陽子＋中性子），Li^+ は He

53
[答] カ
[検討] 陽子の数は，$25+2=27$
中性子の数は，$59-27=32$
Co 原子の電子の数は，陽子の数と同じ27

54
[答] (1) F (2) C (3) E，F，G
(4) イ，ウ，エ，カ
[検討] 原子番号から，A～G の元素は次のようになる。
A；C，B；O，C；F，D；Na，E；S，
F；K，G；Ca
(1)イオン化エネルギーは，周期表の左側・下側の元素ほど小さい。よって F(K)。
(2)電子親和力は，周期表の18族を除く，右側の元素ほど大きい。よって C(F)。
(3)Ar と同じ電子配置となるのは，S^{2-}，K^+，Ca^{2+}。よって，E(S)，F(K)，G(Ca)。
(4)ア～カは次のように表される。
ア：CO_2 イ：CaO ウ：NaF エ：CaF_2
オ：SO_2 カ：KF
　イオン結晶は金属元素と非金属元素の原子どうしが結合している CaO，NaF，CaF_2，KF である。

7　共有結合とその結晶

基本問題 ……………………… 本冊 p.25

55
[答] ア，イ，ウ，オ
[検討] 非金属元素の原子どうしの結合が共有結合である。

ア；CもOも非金属元素。
イ；ダイヤモンドは炭素原子が次々と共有結合してできた結晶。
ウ；HもOも非金属元素。
エ；Naは金属元素，Clは非金属元素。
オ；NもHも非金属元素。
カ；Caは金属元素，Oは非金属元素。

テスト対策
▶非金属元素の原子間の結合 ⇨ 共有結合
▶共有結合に関係する非金属元素 ⇨ 右図の○印。これ以外は金属元素と考えてよい。

	H					
Li	Be	ⓑ	ⓒ	ⓝ	ⓞ	ⓕ
Na	Mg	Al	ⓢi	ⓟ	ⓢ	ⓒl
K	Ca					Ⓑr
						Ⓘ

56
答 ア；価電子(電子)　イ；8
ウ；ネオン　エ；K　オ；2
カ；ヘリウム　キ；共有

検討 非金属元素の原子の価電子のいくつかを互いに共有し合った結合が共有結合であり，共有し合うことによって，それぞれの原子は安定な希ガスと同じ電子配置となる。

57
答 ウ，エ，キ
検討 H以外の原子のまわりにある電子は8個である。正しくは以下のようになる。
ウ　:Ö::C::Ö:　エ　H:S̈:H
キ　H:N̈:H
　　　H

58
答 (1) ウ　(2) ア，エ　(3) ア
検討 それぞれの物質の電子式は次の通り。
ア　:N⋮⋮N:　イ　H:N̈:H
　　　　　　　　　H
ウ　H:C̈:H　エ　H:Ö:H
　　　H

オ　:Ö::C::Ö:

59
答 (1) H:C̈l:　(2) H:N̈:H　H-N-H
　　　　　　　　　H　　　H
　　　H-Cl
(3)　　H　　　　H
　　H:C̈:H　H-C-H
　　　H　　　　H

(4) :Ö::C::Ö:　(5) :N⋮⋮N:
　　O=C=O　　　N≡N

(6)　H　　　　H
　　H:C̈:Ö:H　H-C-O-H
　　　H　　　　H

検討 電子式では，元素記号のまわりに電子を点・で表す。電子の数は，Hのまわりに2個，ほかの元素のまわりに8個である。
　構造式の価標は，電子式の共有電子対1対につき1本かく。

テスト対策
▶電子式のかき方
　電子・は，Hのまわりには2個，ほかの元素のまわりには8個。

60
答 イ
検討 ア；配位結合は共有結合の一種である。
イ；CH₄は非共有電子対をもっていないから配位結合できない。H⁺は非共有電子対をもつ分子と配位結合する。
ウ；金属元素の陽イオンに，分子やイオンが配位結合したものを錯イオンという。

61
答 (1) エ，カ　(2) ア，ウ　(3) イ，オ
検討 ダイヤモンドと黒鉛は，ともに炭素からなる(カ)共有結合の結晶であり，融点が非常に高い(エ)。
　ダイヤモンドは，無色透明(ア)で非常に硬く(ウ)，電気を通さない。一方，黒鉛は，黒色不透明(イ)でやわらかく，電気を通す(オ)。

応用問題　本冊 p.26

62
答 (1) ア　(2) ウ, エ, カ　(3) ア, エ
(4) イ, オ, キ　(5) キ　(6) エ　(7) イ

検討 それぞれの物質の電子式は次の通り。

ア　H:N̈:H　　イ　[H:N̈:H]⁺
　　　H　　　　　　　H

ウ　H:Ö:H　　エ　:N⋮⋮N:

オ　H:C̈:H　　カ　H:C̈:Ö:H
　　　H　　　　　　　H

キ　:Ö::C::Ö:

63
答 (1)
H H
H–C–C–H　　H\C=C/H
H H　　　　H/ \H

H–C≡C–H

(2)
H H
H–C–C–O–H
H H

H H
H–C–O–C–H
H H

検討 (1)原子価はHは1, Cは4である。分子内に二重結合や三重結合がある場合も考える。
(2)原子価はHは1, Oは2, Cは4である。

テスト対策
▶覚えておきたい原子価
　H；1, O；2, N；3, C；4

64
答 (1) ウ　(2) イ

検討 (1)共有結合の結晶は, 炭素C(ダイヤモンド, 黒鉛), ケイ素Si, 二酸化ケイ素SiO_2(石英, 水晶)などである。フラーレンは多数の炭素原子(60個, 70個など)からなる分子である。
(2)配位結合を含むイオンは, アンモニウムイオンNH_4^+, オキソニウムイオンH_3O^+, 錯イオンなどである。

65
答 (1) エ, カ　(2) ア, キ　(3) ウ, ク

検討 同族元素の原子は, 価電子の数が同じであるため, 中心の原子が同族元素の原子である化合物の分子どうしは, 同じ構造をとることが多い。
(1)OとSは同族元素で, H_2OとH_2Sの分子は折れ線形である。
(2)NとPは同族元素で, NH_3とPH_3の分子は三角錐形である。
(3)CH_4とCCl_4の分子構造は同じで, 正四面体形である。

66
答 (1) エ, カ　(2) ア, ケ　(3) イ, キ
(4) オ, ク

検討 (1)分子結晶は分子間力が弱いため, ナフタレンやドライアイスのような昇華性の結晶が多い。
(2)(3)共有結合の結晶には, C, Si, SiO_2からなるものがある。Cからなる結晶にはダイヤモンドと黒鉛があり, これらは単体である。また, SiO_2からなる結晶には石英, 水晶やケイ砂などがあり, これらは化合物である。
(4)塩化アンモニウムNH_4ClのNH_4^+はNH_3とH^+との配位結合からなる。また, ヘキサシアノ鉄(Ⅱ)酸カリウムの$[Fe(CN)_6]^{4-}$のような錯イオンも配位結合からできている。

67
答 ア：共有　イ：分子　ウ：正四面体
エ：4

検討 ケイ素Siとダイヤモンドの炭素Cは, 価電子が4個であり, 正四面体構造の中心と頂点に原子が位置する構造の共有結合の結晶である。

8 分子の極性と分子間の結合

基本問題 ……… 本冊 p.29

68
[答] (1) ウ　(2) ウ
[検討] (1)電気陰性度は，周期表の右側(18族を除く)，上側の元素ほど大きい。
(2)電気陰性度の差が大きいほど，結合の極性が大きい。電気陰性度が最も大きいFとHとの差が最も大きい。

69
[答] (1) ア，カ　(2) ウ　(3) エ，キ
(4) オ　(5) イ，ク
[検討] ア；単体は無極性分子である。
イ；正四面体形。C－H結合には極性があるが，立体的に対称なので，無極性分子である。
ウ；二原子分子の化合物は極性分子である。
エ；折れ線形。立体的に対称でないので，極性分子である。
オ；三角錐形。立体的に対称でないので，極性分子である。
カ；直線形。C＝O結合には極性があるが，立体的に対称なので，無極性分子である。
キ；折れ線形。立体的に対称でないので，極性分子である。
ク；正四面体形。C－Cl結合には極性があるが，立体的に対称なので，無極性分子である。

[テスト対策]
▶単体 ⇨ **無極性分子**
▶二原子分子の化合物 ⇨ **極性分子**
▶多原子分子の化合物
　$\begin{cases} CH_4；正四面体形 \\ CO_2；直線形 \end{cases}$ ⇨ **無極性分子**
　$\begin{cases} NH_3；三角錐形 \\ H_2O；折れ線形 \end{cases}$ ⇨ **極性分子**

70
[答] (1) I_2，Br_2，Cl_2　(2) C_3H_8，C_2H_6，CH_4
(3) HF，HBr，HCl　(4) H_2O，H_2Se，H_2S
(5) GeH_4，SiH_4，CH_4
(6) NH_3，AsH_3，PH_3　(7) Ar，Ne，He
[検討] 分子間の引力が大きい物質ほど沸点が高い。構造が同じような分子では，分子量が大きい物質ほどファンデルワールス力が強く，沸点が高い。ただし，分子間で水素結合を形成するHF，H_2O，NH_3は沸点が異常に高い。
(1)(2)(5)分子量の大きい順。
(3)HFは分子間で水素結合を形成する。それ以外は分子量の大きい順。
(4)H_2Oは分子間で水素結合を形成する。それ以外は分子量の大きい順。
(6)NH_3は分子間で水素結合を形成する。それ以外は分子量の大きい順。
(7)原子量の大きい順。

[テスト対策]
▶構造が似ている物質の沸点
　⇨ 分子量が大きいほど高い。
▶HF，H_2O，NH_3の沸点
　⇨ 水素結合のため，異常に高い。

71
[答] ア
[検討] ア；水は，酢酸や塩化水素，スクロース，エタノールといった分子からなる物質もよく溶かす。
イ，ウ，エ；氷(固体)のほうが水(液体)より密度が小さいことや，水の沸点が分子量から予想されるより異常に高いのは，水素結合と関係している。

72
[答] a：ケ　b：キ　c：エ　d：ク
e：オ　f：イ　g：ア　h：コ
[検討] 水は，分子量から予想されるより沸点が異常に高い。これは水素結合を形成するからである。水が水素結合を形成するのは，酸素原子と水素原子の電気陰性度の差と，水分子の非対称である折れ線形の構造による。

73〜**78** の答え　　*15*

応用問題　　　　　　　　　　本冊 p.30

73
[答] ウ，イ，ア，エ
[検討] 電気陰性度の差が大きいものほど極性が大きい。電気陰性度の差は次の通りである。
ア；$3.0-2.1=0.9$　　イ；$3.5-1.2=2.3$
ウ；$4.0-0.9=3.1$　　エ；0

74
[答] (1) オ　　(2) ウ
[検討] ア；H_2O ➡ 折れ線形で極性分子
CH_4 ➡ 正四面体形で無極性分子
イ；NH_3 ➡ 三角錐形で極性分子
C_2H_6 ➡ 2個の正四面体形が結合した構造で無極性分子
ウ；CH_3Cl ➡ 電荷が Cl 原子にかたよった四面体形で極性分子
H_2S ➡ 折れ線形で極性分子
エ；CH_3OH ➡ 水分子の H と CH_3 が置き換わった折れ線形で極性分子
Cl_2 ➡ 単体で無極性分子
オ；Cl_2 ➡ 単体で無極性分子
CCl_4 ➡ 正四面体形で無極性分子
カ；SiH_4 ➡ 正四面体形で無極性分子
HCl ➡ 二原子分子の化合物で極性分子
キ；CO_2 ➡ 直線形で無極性分子
PH_3 ➡ 三角錐形で極性分子

75
[答] (1) A_1；CH_4　　B_1；H_2O　　C_1；HF
(2) 分子間で水素結合を形成するため。
(3) 周期が大きくなるほど分子量が大きくなるから。
[検討] (1) A_1 は14族の第2周期の元素の水素化合物であるから，炭素 C の水素化合物であり，CH_4 である。B_1 は16族の第2周期の元素の水素化合物であるから，酸素 O の水素化合物であり，H_2O である。C_1 は，17族の第2周期の元素の水素化合物であるから，フッ素 F の水素化合物であり，HF である。
(2) H_2O，HF は，分子間で水素結合を形成するので，沸点が異常に高い。
(3) 分子構造が似ている物質の沸点は，分子量が大きいほどファンデルワールス力が強くはたらくので，分子量の順になる。それぞれの族では，周期が大きくなるほど原子量が大きくなり，水素化合物の分子量が大きくなる。

76
[答] A：オ　　B：ア　　C：エ
[検討] ① A, B, C は四面体形なので CCl_4, CH_4, CH_3Cl のいずれか。
② A は極性分子であるから，CH_3Cl。
③ C は非共有電子対をもたないから，CH_4。

77
[答] イ，カ
[検討] ア；一般的に，電気陰性度の差が大きいほど電荷のかたよりが大きくなる。
イ；水素結合を形成するのはフッ化水素 HF，水 H_2O，アンモニア NH_3 である。
ウ；塩化水素は二原子分子の化合物なので，極性分子である。
エ；メタンは正四面体形。各 C−H 結合に極性はあるが，立体的に対称なので，全体としては無極性である。
オ；アンモニア分子には，非共有電子対が1組である。
カ；水分子は極性をもつので，Na^+ や Cl^- と静電気的な引力によって引き合う（水和という）。

9　金属結合と金属

基本問題　　　　　　　　　　本冊 p.32

78
[答] イ
[検討] ア：金属はすべて金属光沢をもつ。
イ：水銀は常温で液体である。
ウ：自由電子があるため，電気伝導性がある。
エ：自由電子による結合であるから，原子はずれることができ，展性・延性に富む。

79

答 (1) ナトリウム；**2個**，銅；**4個**
(2) ナトリウム；**8個**，銅；**12個**

検討 (1)ナトリウム；体心立方格子の頂点の原子は8個の単位格子をかねていて，それが8個ある。また，単位格子の中心に1個の原子がある。よって，単位格子中の原子数は，

$$\frac{1}{8} \times 8 + 1 = 2 \text{個}$$

銅；面心立方格子の頂点の原子については，上記と同じである。面の中心にある原子は，2個の単位格子をかねていて，それが6個ある。よって，単位格子中の原子数は

$$\frac{1}{8} \times 8 + \frac{1}{2} \times 6 = 4 \text{個}$$

(2)ナトリウム；体心立方格子の中心の原子でわかるように，隣接する原子は8個である。
銅；面心立方格子の面の中心の原子は，同一平面上にある4個の原子，下の層にある4個の原子，上の層にある4個の原子と接している。よって，隣接する原子数は，

$$4 \times 3 = 12 \text{個}$$

80

答 ア，エ

検討 ア：体心立方格子は2個，面心立方格子は4個で，面心立方格子のほうが多い。
イ：体心立方格子は8個，面心立方格子は12個である。
ウ：面心立方格子のほうが体心立方格子より，密に詰めこまれている。充填率は，面心立方格子が74％，体心立方格子が68％である。
エ：どちらにもすき間がある。

81

答 (1) **4個** (2) 1.2×10^{-8} cm

検討 (1)8個の単位格子をかねている頂点が8個あり，2個の単位格子をかねている面の中心の原子が6個あるから，求める単位格子中の原子数は，

$$\frac{1}{8} \times 8 + \frac{1}{2} \times 6 = 4 \text{個}$$

(2)本冊 *p.33* の図より次の関係がある。

$$2l^2 = (4r)^2$$

よって　$r = \dfrac{\sqrt{2}}{4} l = \dfrac{\sqrt{2}}{4} \times 3.5 \times 10^{-8}$

$$\approx 1.2 \times 10^{-8} \text{cm}$$

応用問題 ……………………本冊 *p.33*

82

答 エ

検討 ア：自由電子が光を反射するため，光沢があり，不透明である。
イ：自由電子による結合であるため，原子がずれることができるので，展性・延性がある。
ウ：自由電子が熱や電気を伝える。
エ：Na^+ は安定したイオンで，無色である。これは自由電子とは関係がない。
オ：金属結合は自由電子による結合で，結合力が大きいため，融点の高いものが多い。

83

答 (1) ア (2) ウ

検討 各単位格子の充填率の大小は次の通り。
体心立方格子＜面心立方格子＝六方最密構造
したがって，密度は，面心立方格子と六方最密構造が等しく，体心立方格子の密度はこれらより小さい。また，配位数が，面心立方格子と六方最密構造が12，体心立方格子が8であることからも，これらの密度の大小関係がわかる。

84

答 (1) **体心立方格子** (2) 3.4×10^{-8} cm

検討 (2)結合半径を r [cm]とすると，立方体の対角線が $4r$ [cm]より，

$$(4r)^2 = a^2 + (\sqrt{2}a)^2$$

よって，$r = \dfrac{\sqrt{3}}{4} a$

$$= \dfrac{\sqrt{3}}{4} \times 4.0 \times 10^{-8} = 1.7 \times 10^{-8} \text{cm}$$

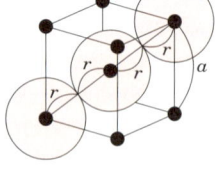

原子間の中心距離は，結合半径の2倍より，

$$1.7 \times 10^{-8} \times 2 = 3.4 \times 10^{-8} \text{cm}$$

85

[答] (1) α鉄；**2個**，γ鉄；**4個**
(2) α鉄；**8個**，γ鉄；**12個**　(3) **α鉄**
(4) **γ鉄**

[検討] (1) α鉄は体心立方格子であるから2個（8個の単位格子をかねている，立方体の頂点にある原子8個と，立方体の中心にある原子1個）であり，γ鉄は面心立方格子であるから4個（8個の単位格子をかねている，立方体の頂点にある原子8個と，2個の単位格子をかねている，立方体の面にある原子6個）である。
(2) α鉄は体心立方格子の配位数，γ鉄は面心立方格子の配位数であるから，α鉄は8個，γ鉄は12個である。
(3) 結合距離は，金属結合半径の2倍であるから，α鉄の結合距離をS〔nm〕，γ鉄の結合距離をS'〔nm〕とすると，

α鉄；$(2S)^2 = 3 \times 0.29^2$
$\therefore S ≒ 0.247$ nm

γ鉄；$(2S')^2 = 2 \times 0.36^2$
$\therefore S' ≒ 0.252$ nm

よって，$S < S'$となる。
(4) 鉄原子1個の質量をw〔g〕とすると，

α鉄；$\dfrac{2w〔g〕}{0.29^3〔nm〕^3} ≒ 82w$〔g/nm³〕

γ鉄；$\dfrac{4w〔g〕}{0.36^3〔nm〕^3} ≒ 86w$〔g/nm³〕

面心立方格子であるγ鉄のほうが，体心立方格子であるα鉄より密度が大きいと考えてもよい。

10 原子量・分子量と物質量

基本問題　　　本冊 p.35

86

[答] ① **44**　② **44**　③ **180**　④ **132**
⑤ **62**

[検討] 化学式を構成する原子の原子量の総和を求める。
① $12 + 16 \times 2 = 44$
② $12 \times 3 + 1.0 \times 8 = 44$
③ $12 \times 6 + 1.0 \times 12 + 16 \times 6 = 180$
④ $(14 + 1.0 \times 4) \times 2 + 32 + 16 \times 4 = 132$
⑤ $14 + 16 \times 3 = 62$

87

[答] **63.5**

[検討] 原子量は，同位体の相対質量を，同位体の存在比に基づいて平均したものである。銅の原子量は以下のようになる。

$62.9 \times \dfrac{69.2}{100} + 64.9 \times \dfrac{30.8}{100} ≒ 63.5$

> **テスト対策**
> ▶同位体のある元素の原子量
> 原子量 $= M_1 \times \dfrac{X_1}{100} + M_2 \times \dfrac{X_2}{100} + \cdots$
> M_i；同位体の相対質量
> X_i；同位体の存在比〔%〕

88

[答] **エ**

[検討] 金属元素Mの原子量をyとすると，
$X = y + 80 \times 3$　より，$y = X - 240$
したがって，M_2O_3の式量は，
$2(X - 240) + 16 \times 3 = 2X - 432$

89

[答] (1) **0.050 mol**　(2) **3.0×10²²個**
(3) **0.45 mol**

[検討] (1)エタノールの分子量は$C_2H_6O = 46$より，モル質量は46g/mol。よって，

$\dfrac{2.3\,\text{g}}{46\,\text{g/mol}} = 0.050$ mol

(2)アボガドロ定数 $N_A = 6.0 \times 10^{23}$/mol は，物質1 molあたりの粒子数なので，
6.0×10^{23}/mol $\times 0.050$ mol $= 3.0 \times 10^{22}$個
(3)エタノール C_2H_6O 1 mol 中に含まれる原子の物質量は，
$2\,\text{mol} + 6\,\text{mol} + 1\,\text{mol} = 9\,\text{mol}$
よって，$0.050\,\text{mol} \times 9 = 0.45\,\text{mol}$

90

[答] (1) 2.0×10^{-23} g　(2) 3.0×10^{-23} g
(3) 3.8×10^{-23} g

[検討] (1) C の原子量 12.0 より，C 原子 6.0×10^{23} 個の質量が 12.0 g であるから，C 原子 1 個の質量は，
$$\frac{12.0 \text{ g}}{6.0 \times 10^{23}} = 2.0 \times 10^{-23} \text{ g}$$
(2) 水の分子量は $H_2O = 18.0$ より，H_2O 分子 6.0×10^{23} 個の質量が 18.0 g であるから，H_2O 分子 1 個の質量は，
$$\frac{18.0 \text{ g}}{6.0 \times 10^{23}} = 3.0 \times 10^{-23} \text{ g}$$
(3) Na の原子量 23.0 より，Na^+ 6.0×10^{23} 個の質量が 23.0 g であるから，Na^+ 1 個の質量は，
$$\frac{23.0 \text{ g}}{6.0 \times 10^{23}} ≒ 3.8 \times 10^{-23} \text{ g}$$

91

[答] (1) 0.25 mol　(2) 3.0×10^{22} 個
(3) 2.2 L　(4) 28.0

[検討] (1) 気体の種類に関係なく **1 mol の気体は標準状態で 22.4 L** であるから，
$$\frac{5.6 \text{ L}}{22.4 \text{ L/mol}} = 0.25 \text{ mol}$$
(2) $6.0 \times 10^{23} /\text{mol} \times \frac{1.12 \text{ L}}{22.4 \text{ L/mol}} = 3.0 \times 10^{22}$
(3) 窒素の分子量は $N_2 = 28$ より，モル質量は 28 g/mol なので，
$$22.4 \text{ L/mol} \times \frac{2.8 \text{ g}}{28 \text{ g/mol}} = 2.24 ≒ 2.2 \text{ L}$$
(4) $1.25 \text{ g/L} \times 22.4 \text{ L/mol} = 28.0 \text{ g/mol}$
よって，分子量は 28.0

92

[答] (1) 7.5×10^{22} 個　(2) 4.0 g
(3) 16

[検討] (1) モル体積は 22.4 L/mol より，
$$6.0 \times 10^{23} /\text{mol} \times \frac{2.8 \text{ L}}{22.4 \text{ L/mol}} = 7.5 \times 10^{22}$$
(2) 酸素の分子量は $O_2 = 32.0$ より，モル質量は 32.0 g/mol。よって，
$$32.0 \text{ g/mol} \times \frac{2.8 \text{ L}}{22.4 \text{ L/mol}} = 4.0 \text{ g}$$
(3) $2.0 \text{ g} \times \frac{22.4 \text{ L/mol}}{2.8 \text{ L}} = 16 \text{ g/mol}$
よって，分子量は 16

応用問題　　　　　　　　　本冊 p.37

93

[答] イ

[検討] $^{10}_{5}B$ の存在比を x [%] とすると，相対質量 ≒ 質量数より，
$$10 \times \frac{x}{100} + 11 \times \frac{100-x}{100} = 10.8$$
$\therefore x = 20$ %

94

[答] 1.0×10^{21} 個

[検討] ^{13}C の存在比を x [%] とすると，^{12}C の相対質量はすべての原子の基準として 12 ちょうどと決められているから
$$12 \times \frac{100-x}{100} + 13.00 \times \frac{x}{100} = 12.01$$
$\therefore x = 1.0$ %
ダイヤモンド 2.01 g に含まれる ^{13}C 原子数は，
$$6.0 \times 10^{23} \times \frac{2.01}{12.01} \times \frac{1.0}{100} ≒ 1.0 \times 10^{21}$$

95

[答] $\dfrac{24w}{m-w}$

[検討] 化合した酸素の質量は，$m-w$ [g]
金属 M の原子量を x とすると，酸化物の組成式が M_2O_3 なので，
$$(m-w) : w = 16 \times 3 : 2x \quad \therefore x = \frac{24w}{m-w}$$

96

[答] ウ

[検討] この酸化物の原子数の比は，
$$X : O = \frac{86.4}{152} : \frac{100-86.4}{16} ≒ 0.57 : 0.85 ≒ 2 : 3$$
よって，この酸化物の組成式は，X_2O_3

97

[答] (1) 最大；ウ，最小；ア　(2) 最大；エ，最小；イ　(3) 最大；オ，最小；イ

[検討] (1)一定質量中の物質量は，分子量に反比例する。ア～オそれぞれの分子量は，
ア：$CO_2 = 44$ ➡ 最小
イ：$H_2O = 18$
ウ：$H_2 = 2$ ➡ 最大
エ：$N_2 = 28$
オ：$O_2 = 32$

(2)一定物質中の質量は，分子量・式量に比例する。ア～オそれぞれの分子量・式量は，
ア：$CO_2 = 44$
イ：$H_2O = 18$ ➡ 最小
ウ：$O_2 = 32$
エ：$NaCl = 58.5$ ➡ 最大
オ：$Cl^- = 35.5$

(3)同温・同圧では，同体積中に同数の分子を含むので，気体の密度は分子量に比例する。ア～オそれぞれの分子量は，
ア：$N_2 = 28$
イ：$H_2 = 2$ ➡ 最小
ウ：$O_2 = 32$
エ：$CH_4 = 16$
オ：$Ar = 40$ ➡ 最大

98

[答] (1) $\dfrac{A}{N}$　(2) $\dfrac{mN}{M}$　(3) $\dfrac{vM}{V}$ または Dv

(4) VD

[検討] (1)原子量＝原子1個の質量×アボガドロ定数 が成り立つ。

(2)分子数＝物質量×アボガドロ定数　$\dfrac{m}{M} \times N$

(3)質量＝物質量×モル質量　$\dfrac{v}{V} \times M$
または，標準状態の密度 D から，Dv

(4)モル質量を求めると VD〔g/mol〕となるので，分子量は VD

99

[答] 130

[検討] この立方体の体積は $(6.0 \times 10^{-8})^3 \mathrm{cm}^3$ なので質量は，
$4.0 \mathrm{g/cm^3} \times (6.0 \times 10^{-8})^3 \mathrm{cm}^3$
$= 8.64 \times 10^{-22} \mathrm{g}$
原子量を x とすると，
$4 : 8.64 \times 10^{-22} = 6.0 \times 10^{23} : x$　∴ $x ≒ 130$

100

[答] ウ

[検討] 混合気体1molを考え，その中のネオンの物質量を x〔mol〕とすると，混合気体1molの質量は，$20x + 40(1-x)$〔g〕
一方，密度1.34g/Lより，混合気体1molの質量は1.34×22.4g とも表せるので，
$20x + 40(1-x) = 1.34 \times 22.4$
∴ $x ≒ 0.50$
ネオンとアルゴンの物質量の比は，1：1

11 溶液の濃度と固体の溶解度

基本問題　本冊 p.39

101

[答] 37.5 %，3.75 g

[検討] 質量パーセント濃度〔%〕＝$\dfrac{溶質の質量〔g〕}{溶液の質量〔g〕} \times 100$

溶液の質量は$(100 + 60.0)$gより，
$\dfrac{60.0}{100 + 60.0} \times 100 = 37.5 \%$

37.5 %水溶液10.0gに溶けている硝酸カリウムの質量は，$10.0 \times \dfrac{37.5}{100} = 3.75 \mathrm{g}$

102

[答] 3.5 %

[検討] 混合溶液中の塩化ナトリウムの質量は，
$60 \times \dfrac{3.0}{100} + 20 \times \dfrac{5.0}{100} = 2.8 \mathrm{g}$

溶液の質量は，$(60 + 20)$gなので，混合溶液の質量パーセント濃度は，
$\dfrac{2.8}{60 + 20} \times 100 = 3.5 \%$

103

[答] 1.0 mol/L

[検討] 塩化ナトリウムの式量は $NaOH = 40$ で，8.0gのNaOHの物質量は，
$\dfrac{8.0}{40} = 0.20 \mathrm{mol}$

いま水溶液200 mLに0.20 molのNaOHが溶けているから、これを水溶液1 L（1000 mL）あたりに換算するとモル濃度が得られる。

$$0.20 \times \frac{1000}{200} = 1.0 \text{ mol/L}$$

テスト対策

▶モル濃度 c〔mol/L〕，溶質の物質量 n〔mol〕，溶液の体積 v〔mL〕の間の関係

$$c = n \times \frac{1000}{v} \longleftrightarrow n = c \times \frac{v}{1000}$$

104

答 0.20 g

検討 0.10 mol/Lの水酸化ナトリウム水溶液50 mL中に溶けているNaOHの物質量は，

$$0.10 \times \frac{50}{1000} = 5.0 \times 10^{-3} \text{ mol}$$

水酸化ナトリウムの式量はNaOH = 40で，NaOHの質量は，

$$5.0 \times 10^{-3} \times 40 = 0.20 \text{ g}$$

105

答 10.0 mol/L

検討 $c = 1000 \times d \times \dfrac{x}{100} \times \dfrac{1}{M}$

c；モル濃度〔mol/L〕，d；溶液の密度〔g/cm³〕，
x；質量パーセント濃度〔%〕，
M；モル質量〔g/mol〕　より，

$$1000 \times 1.16 \times \frac{31.5}{100} \times \frac{1}{36.5} \fallingdotseq 10.0 \text{ mol/L}$$

106

答 (1) **26.5 %**　　(2) **44.8 g**

検討 (1) NaCl飽和水溶液は，水100 gに対してはNaCl 36.0 gが溶解しているので，

$$\frac{36.0}{100+36.0} \times 100 \fallingdotseq 26.5 \text{ \%}$$

(2) 10.0 %のNaCl水溶液200 g中に含まれているNaClは，

$$200 \text{ g} \times \frac{10.0}{100} = 20.0 \text{ g}$$

よって水は，200 g − 20.0 g = 180 g
水180 gに溶ける塩化ナトリウムは，

$$36.0 \text{ g} \times \frac{180}{100} = 64.8 \text{ g}$$

さらに溶ける塩化ナトリウムは，

64.8 g − 20.0 g = 44.8 g

107

答 76.8 g

検討 40℃の水100 gに，硝酸カリウムは64.0 g溶けるので，その水溶液は，

100 + 64.0 = 164 g

40℃の飽和水溶液164 gを10℃まで冷却すると，析出する硝酸カリウムの質量は，

64.0 − 22.0 = 42.0 g

飽和水溶液が300 gのときに析出する結晶をx〔g〕とすると，

$(100 + 64.0) : (64.0 - 22.0) = 300 : x$

∴ $x \fallingdotseq 76.8$ g

テスト対策

▶冷却による結晶の析出

飽和水溶液 w〔g〕を冷却したときに析出する結晶を x〔g〕とすると，

(100 + 冷却前の溶解度)：(溶解度の差)
$= w : x$

108

答 85 g

検討 水和物 $Na_2CO_3 \cdot 10H_2O$ 1 molに含まれるNa_2CO_3は106 g，水H_2Oは18 g × 10 = 180 g。
必要な水をx〔g〕とすると，

$(180 + x) : 106 = 100 : 40$　　∴ $x = 85$ g

応用問題　　　　　　　　　　　本冊 p.41

109

答 7.3 %

検討 $c = 1000 \times d \times \dfrac{x}{100} \times \dfrac{1}{M}$

c；モル濃度〔mol/L〕，d；溶液の密度〔g/cm³〕，
x；質量パーセント濃度〔%〕，
M；モル質量〔g/mol〕　より，

$$2.0 = 1000 \times 1.1 \times \frac{x}{100} \times \frac{1}{40} \quad \therefore x \fallingdotseq 7.3 \text{ \%}$$

[別解] 水溶液 $1000×1.1$ g 中に NaOH が $2.0×40$ g 溶けているので，この水溶液の質量パーセント濃度を x〔%〕とすると，

$$1000×1.1 : 2.0×40 = 100 : x$$
$$∴ x ≒ 7.3 \%$$

> ✏️ **テスト対策**
>
> ▶モル濃度 c〔mol/L〕と
> 　質量パーセント濃度 x〔%〕の変換
>
> $$c = 1000 × d × \frac{x}{100} × \frac{1}{M}$$
>
> c：モル濃度〔mol/L〕,
> d：溶液の密度〔g/cm³〕,
> x：質量パーセント濃度〔%〕,
> M：モル質量〔g/mol〕

110

答 0.28 mol/L

検討 混合溶液中の塩化ナトリウムの物質量は，

$$0.10 × \frac{200}{1000} + 0.40 × \frac{300}{1000} = 0.14 \text{ mol}$$

溶液の体積は 500 mL なので，モル濃度は，

$$0.14 × \frac{1000}{500} = 0.28 \text{ mol/L}$$

111

答 (1) 17.9 mol/L　(2) 0.36 mol
(3) 2.8 mL

検討 (1)硫酸の分子量は $H_2SO_4 = 98.0$ より，

$$1000 × 1.83 × \frac{96.0}{100} × \frac{1}{98.0} ≒ 17.9 \text{ mol/L}$$

(2) 17.9 mol/L の濃硫酸 20 mL 中に含まれる H_2SO_4 の物質量は，

$$17.9 × \frac{20}{1000} ≒ 0.36 \text{ mol}$$

(3)求める濃硫酸を x〔mL〕とすると，濃硫酸 x〔mL〕に含まれる H_2SO_4 の物質量と，0.10 mol/L 硫酸水溶液 500 mL に含まれる H_2SO_4 の物質量は等しいから，

$$0.10 × \frac{500}{1000} = 17.9 × \frac{x}{1000}$$
$$∴ x ≒ 2.8 \text{ mL}$$

112

答 111 mL

検討 希釈しても HCl の物質量は変わらないので，必要な 30.0% 塩酸を x〔mL〕とすると，HCl（分子量；36.5）の物質量について，次の方程式が成り立つ。

$$2.00 × \frac{500}{1000} = x × 1.10 × \frac{30.0}{100} × \frac{1}{36.5}$$
$$∴ x ≒ 111 \text{ mL}$$

113

答 29.2 g

検討 60℃の塩化カリウム飽和水溶液 $(100+46.0)$ g を 20℃まで冷却したとき，析出する塩化カリウムの結晶は，

$$46.0 \text{ g} - 32.0 \text{ g} = 14.0 \text{ g}$$

はじめにあった塩化カリウム飽和水溶液を x〔g〕とすると，

$$(100+46.0) : 14.0 = x : 2.80$$
$$∴ x ≒ 29.2 \text{ g}$$

114

答 25 g

検討 飽和水溶液 100 g に溶けている $CuSO_4$ は，

$$100 × \frac{40}{100+40} ≒ 28.6 \text{ g}$$

析出する $CuSO_4・5H_2O$ を x〔g〕とすると，無水物，水和物それぞれの式量は，$CuSO_4 = 160$，$CuSO_4・5H_2O = 250$ より，

$$(100-x) : (28.6 - \frac{160}{250}x) = (100+20) : 20$$
$$∴ x ≒ 25 \text{ g}$$

> ✏️ **テスト対策**
>
> ▶水和水を含む結晶の析出
>
> 　飽和水溶液 w〔g〕を冷却したときに析出する結晶を x〔g〕とすると，
>
> $w-x$：冷却後の溶液中の無水物の質量
> $= 100 +$ 冷却後の溶解度：冷却後の溶解度

12 化学反応式と量的関係

基本問題 .... 本冊 p.43

115

答 (1) $1C_2H_4 + 3O_2 \longrightarrow 2CO_2 + 2H_2O$
(2) $1C_2H_6O + 3O_2 \longrightarrow 2CO_2 + 3H_2O$
(3) $1Zn + 2HCl \longrightarrow 1ZnCl_2 + 1H_2$
(4) $2Na + 2H_2O \longrightarrow 2NaOH + 1H_2$
(5) $2Al + 3H_2SO_4 \longrightarrow 1Al_2(SO_4)_3 + 3H_2$
(6) $1Cu + 2H_2SO_4$
  $\longrightarrow 1CuSO_4 + 1SO_2 + 2H_2O$

検討 (1)最も複雑な C_2H_4 の係数を1とおき,C,H,O の順で数を合わせる。
(2)最も複雑な C_2H_6O の係数を1とおき,C,H を合わせ,最後に O を合わせる。
  $1C_2H_6O + (\ )O_2 \longrightarrow 2CO_2 + 3H_2O$
右辺で O の数は,$2CO_2$ と $3H_2O$ とによる計7個。左辺には,$1C_2H_6O$ の1個の O があるので,O_2 の係数は3(Oは6個)。
(3) $ZnCl_2$ の係数を1とおく。
(4) NaOH を1とおき,Na,O を合わせ,最後に,H を合わせる。
  $1Na + 1H_2O \longrightarrow 1NaOH + (\ )H_2$
左辺の H の数は,2個。右辺には1NaOH の1個の H があるので,H_2 の係数は $\frac{1}{2}$
  $1Na + 1H_2O \longrightarrow 1NaOH + \frac{1}{2}H_2$
両辺を2倍して,
  $2Na + 2H_2O \longrightarrow 2NaOH + 1H_2$
(5) $Al_2(SO_4)_3$ の係数を1とおき,Al,S,O を合わせ,最後に H を合わせる。
(6) $CuSO_4$ を1とおくと,
  $1Cu + (\ )H_2SO_4$
  $\longrightarrow 1CuSO_4 + (\ )SO_2 + (\ )H_2O$
となるが,これ以上進まなくなるので,新たな仮定を置く。ここで,S に注目し,右辺の S は2以上であるので,H_2SO_4 を2とおくと,
  $1Cu + 2H_2SO_4$
  $\longrightarrow 1CuSO_4 + 1SO_2 + 2H_2O$

116

答 (1) $1Pb^{2+} + 2Cl^- \longrightarrow 1PbCl_2$
(2) $1Al^{3+} + 3OH^- \longrightarrow 1Al(OH)_3$
(3) $1FeS + 2H^+ \longrightarrow 1Fe^{2+} + 1H_2S$
(4) $3Ca^{2+} + 2PO_4^{3-} \longrightarrow 1Ca_3(PO_4)_2$

検討 イオン反応式では,左辺と右辺の各元素の原子数と電荷の和を互いに等しくするが,両辺の各元素の原子数を等しくすると,電荷の和も等しくなる反応式がほとんどである。

117

答 (1) $2C_2H_6 + 7O_2 \longrightarrow 4CO_2 + 6H_2O$
(2) $Zn + H_2SO_4 \longrightarrow ZnSO_4 + H_2$
(3) $2H_2O_2 \longrightarrow 2H_2O + O_2$

検討 (1)「燃焼」とあれば「$+O_2$」。
(3)酸化マンガン(Ⅳ)は触媒なので化学反応式には記さない。

テスト対策

▶化学反応式のつくり方(目算法)
①反応物を左辺に,生成物を右辺に書き,両辺を $\longrightarrow$ で結ぶ。
②最も複雑な化合物の係数を1とおき,各原子の数を両辺で等しくする。このとき,分数を使ってもよい。
③各係数を,最も簡単な整数比とする。

118

答 (1) $Ag^+ + Cl^- \longrightarrow AgCl$
(2) $Ba^{2+} + SO_4^{2-} \longrightarrow BaSO_4$
(3) $Fe^{2+} + 2OH^- \longrightarrow Fe(OH)_2$

検討 まず化学反応において,電離しているものは電離している状態で表す。変化していないものを省略するとイオン反応式になる。イオン反応式は,変化したもののみを表す。

119

答 (1) **36.5 g** (2) **24.5 g**

検討 (1)炭酸カルシウムの式量は $CaCO_3 = 100$ より,モル質量は100 g/mol。よって炭酸カルシウム10.0 g の物質量は,

$$\frac{10.0\,\mathrm{g}}{100\,\mathrm{g/mol}} = 0.100\,\mathrm{mol}$$

炭酸カルシウムを塩酸に溶かす反応を化学反応式で表すと，

$$CaCO_3 + 2HCl \longrightarrow CaCl_2 + H_2O + CO_2$$

化学反応式より，$CaCO_3$ 1 mol と HCl 2 mol が反応することがわかる。塩化水素の分子量は HCl = 36.5 なので，モル質量は 36.5 g/mol である。よって，塩酸の質量は，

$$0.100\,\mathrm{mol} \times 2 \times 36.5\,\mathrm{g/mol} \times \frac{100}{20.0} = 36.5\,\mathrm{g}$$

(2)塩化ナトリウムの式量は NaCl = 58.5 より，モル質量は 58.5 g/mol。100 g の 10.0 % は 10.0 g であるから，食塩の物質量は，

$$\frac{10.0\,\mathrm{g}}{58.5\,\mathrm{g/mol}} = \frac{10.0}{58.5}\,\mathrm{mol}$$

塩化銀(I)の沈殿を生じる反応式は，

$$Ag^+ + Cl^- \longrightarrow AgCl \downarrow$$

反応式より，NaCl と AgCl の物質量は等しく，塩化銀(I)の式量は AgCl = 143.5 より，モル質量は 143.5 g/mol。よって，沈殿の質量は，

$$\frac{10.0}{58.5}\,\mathrm{mol} \times 143.5\,\mathrm{g/mol} \fallingdotseq 24.5\,\mathrm{g}$$

120

答 (1) **18 g** (2) **4.5 g** (3) **2.8 L**

検討 $2H_2 + O_2 \longrightarrow 2H_2O$

化学反応式より，物質量比が

$H_2 : O_2 : H_2O = 2 : 1 : 2$ で反応することがわかる。

(1)水素の分子量は $H_2 = 2.0$ より，モル質量は 2.0 g/mol。H_2 2.0 g は $\frac{2.0}{2.0} = 1.0\,\mathrm{mol}$ で，これより生成する H_2O を x [mol] は，

$H_2 : H_2O = 2 : 2 = 1.0 : x$ ∴ $x = 1.0\,\mathrm{mol}$

H_2O(分子量；18.0)の質量は，

$1.0 \times 18.0 = 18\,\mathrm{g}$

(2)標準状態における H_2 5.6 L の物質量は，

$$\frac{5.6}{22.4} = 0.25\,\mathrm{mol}$$

これより，生成する H_2O を y [mol] は，

$H_2 : H_2O = 2 : 2 = 0.25 : y$

∴ $y = 0.25\,\mathrm{mol}$

H_2O の質量は，$0.25 \times 18.0 = 4.5\,\mathrm{g}$

(3) H_2O 4.5 g の物質量は，$\frac{4.5}{18.0} = 0.25\,\mathrm{mol}$ で，O_2 の物質量を z [mol] とすると，

$O_2 : H_2O = 1 : 2 = z : 0.25$ ∴ $z = 0.125\,\mathrm{mol}$

よって，求める O_2 の体積は，

$0.125 \times 22.4 = 2.8\,\mathrm{L}$

121

答 (1) $2CO + O_2 \longrightarrow 2CO_2$ (2) **15 L**

検討 (2)同温・同圧における気体の体積比は，物質量比に等しいことから，燃焼前と燃焼後のそれぞれの体積は次のようになる。

$$2CO + O_2 \longrightarrow 2CO_2$$

燃焼前	10 L	10 L	
反応量	10 L	5 L	10 L
燃焼後	0 L	+ 5 L +	10 L = 15 L

122

答 (1) $2CH_4O + 3O_2 \longrightarrow 2CO_2 + 4H_2O$

(2) **a : 3.6 g** **b : 2.2 g** (3) **12 L**

検討 (1)最も複雑な CH_4O の係数を 1 とおき，C，H，O の順で数を合わせる。

(2)メタノールの分子量は $CH_4O = 32$ より，モル質量は 32 g/mol。

メタノール 3.2 g の物質量は，

$$\frac{3.2\,\mathrm{g}}{32\,\mathrm{g/mol}} = 0.10\,\mathrm{mol}$$

a：(1)の化学反応式の係数より，

$CH_4O : H_2O = 2 : 4$

水の分子量は $H_2O = 18$ より，モル質量は 18 g/mol。生じた H_2O の質量は，

$$0.10\,\mathrm{mol} \times \frac{4}{2} \times 18\,\mathrm{g/mol} = 3.6\,\mathrm{g}$$

b：(1)の化学反応式の係数比より，反応する CH_4O と生成する CO_2 の物質量は等しい。生じた CO_2 の体積は，

$0.10\,\mathrm{mol} \times 22.4\,\mathrm{L/mol} = 2.24\,\mathrm{L} \fallingdotseq 2.2\,\mathrm{L}$

(3)化学反応式の係数より，

$CO_2 : O_2 = 2 : 3$

同温・同圧における気体の体積比は係数比に等しいから，反応した O_2 の体積は，

$$8\,\mathrm{L} \times \frac{3}{2} = 12\,\mathrm{L}$$

> **テスト対策**
> ▶化学反応式と量的関係
> 　係数比＝物質量(mol)比
> 　　　＝気体の体積比(同温・同圧)

123

答 8.5 g

検討 $2H_2O_2 \longrightarrow 2H_2O + O_2$

酸化マンガン(Ⅳ)は触媒なので，化学反応式には書かない。標準状態における2.8 L の O_2 の物質量は，$\dfrac{2.8}{22.4} = 0.125$ mol で，消費された H_2O_2 x〔mol〕は，

　　$H_2O_2 : O_2 = 2 : 1 = x : 0.125$
　　　∴ $x = 0.25$ mol

H_2O_2(分子量；34.0)の質量は，
　　$0.25 \times 34.0 = 8.5$ g

応用問題　　　　　　　　　　　本冊 *p.45*

124

答 (1) 2　　(2) 10

検討 (1) $KMnO_4$ の係数を1として，K，Mn，O，H，Cl の順で数を合わせると，化学反応式は次のようになる。

　　$2KMnO_4 + 16HCl$
　　　$\longrightarrow 2MnCl_2 + 2KCl + 8H_2O + 5Cl_2$

(2) $Ca_3(PO_4)_2$ の係数を1として，Ca，P，Si，O，C の順で数を合わせると，化学反応式は次のようになる。

　　$2Ca_3(PO_4)_2 + 6SiO_2 + 10C$
　　　$\longrightarrow 6CaSiO_3 + 10CO + P_4$

125

答 (1) $3Cu + 8HNO_3$
　　　$\longrightarrow 3Cu(NO_3)_2 + 4H_2O + 2NO$

(2) $4NH_3 + 5O_2 \longrightarrow 4NO + 6H_2O$

(3) $MnO_2 + 4HCl$
　　　$\longrightarrow MnCl_2 + Cl_2 + 2H_2O$

検討 (1) 複雑な化学反応式の係数を決めるときには，未定係数法を用いると便利である。
係数を次のようにおく。
　　a Cu $+$ b HNO$_3$
　　　$\longrightarrow c$ NO $+ d$ Cu(NO$_3$)$_2$ $+ e$ H$_2$O

各原子の数について方程式を立てると，
Cu；$a = d$ …①
H；$b = 2e$ …②
N；$b = c + 2d$ …③
O；$3b = c + 6d + e$ …④
　　$b = 1$(最も多く出てくる)とおき，連立方程式を解くと，

$a = \dfrac{3}{8},\ b = 1,\ c = \dfrac{1}{4},\ d = \dfrac{3}{8},\ e = \dfrac{1}{2}$

最も簡単な整数比にすると，
　　$3Cu + 8HNO_3$
　　　$\longrightarrow 2NO + 3Cu(NO_3)_2 + 4H_2O$

(2) NH_3 の係数を1として，N，H，O の順で数を合わせる。

(3) MnO_2 の係数を1として，Mn，O，H の順で数を合わせる。

126

答 4.5 L

検討 $MnO_2 + 4HCl \longrightarrow MnCl_2 + 2H_2O + Cl_2$

HCl(分子量；36.5)の物質量は，
　　$100 \times 1.17 \times \dfrac{30}{100} \times \dfrac{1}{36.5} \fallingdotseq 0.96$ mol

MnO_2(式量；87)の物質量は，
　　$\dfrac{17.4}{87} = 0.20$ mol

化学反応式より，MnO_2 と HCl は，物質量比 1：4で反応するので，この問題では，HCl が過剰に存在し(0.80 mol が反応して，0.16 mol が残る)，実際には，MnO_2 0.20 mol が反応し，Cl_2 0.20 mol が発生する。

したがって，発生する Cl_2 の体積は，
　　$0.20 \times 22.4 = 4.48$ L $\fallingdotseq 4.5$ L

127

答 0.500 mol/L

検討 $CaCl_2 + H_2SO_4 \longrightarrow CaSO_4 + 2HCl$

$CaSO_4$(式量；136) 1.36 g の物質量は，

$\dfrac{1.36}{136} = 0.0100\,\text{mol}$

消費された $CaCl_2$ x [mol] は,
$CaCl_2 : CaSO_4 = 1 : 1 = x : 0.0100$
$x = 0.0100\,\text{mol}$

したがって, モル濃度を y [mol/L] とすると,
$y \times \dfrac{20.0}{1000} = 0.0100 \quad \therefore y = 0.500\,\text{mol/L}$

128

答 **36 mL**

検討 $3O_2 \longrightarrow 2O_3$

反応した O_2 を x [mL] とすると, 同温・同圧においては係数比=体積比が成り立つので, O_3 は $\dfrac{2}{3}x$ [mL] 生成する。

よって, 次の関係式が成り立つ。
$x - \dfrac{2}{3}x = 900 - 888 \quad \therefore x = 36\,\text{mL}$

129

答 **ア**

検討 同温・同圧下における気体の体積比は, 化学反応式の係数の比であるので, 化学反応式は, 次のようになる。

$3A + B \longrightarrow 2C$

質量保存の法則より, $3M_A$ [g] のAから $3M_A + M_B$ [g] のCが生成するので, 4g のAから生成するCを x [g] とすると,
$3M_A : 3M_A + M_B = 4 : x$
$\therefore x = \dfrac{12M_A + 4M_B}{3M_A}$ [g]

130

答 (1) メタノール：**0.060 mol**, エタノール；**0.030 mol**　(2) **0.18 mol**

検討 (1)各1molが燃焼したときの反応式は, 次のようになる。

$CH_3OH + \dfrac{3}{2}O_2 \longrightarrow CO_2 + 2H_2O$

$C_2H_5OH + 3O_2 \longrightarrow 2CO_2 + 3H_2O$

最初にあったメタノールを x [mol], エタノールを y [mol] とすると, 上の反応式より, CO_2 は $x + 2y$ [mol], H_2O は $2x + 3y$ [mol] 生成する。よって,

$\begin{cases} CO_2 (分子量;44) ; (x + 2y) \times 44 = 5.28 \\ H_2O (分子量;18) ; (2x + 3y) \times 18 = 3.78 \end{cases}$

$\therefore x = 0.060\,\text{mol} \quad y = 0.030\,\text{mol}$

(2)化学反応式の係数より, 消費された O_2 の物質量は $\dfrac{3}{2}x + 3y$ [mol] なので,

$\dfrac{3}{2} \times 0.060 + 3 \times 0.030 = 0.18\,\text{mol}$

131

答 **53.4 %**

検討 混合物 1.00g 中の LiCl を x [g], NaCl を y [g] とすると,

$x + y = 1.00 \quad \cdots \text{i}$

混合物に硝酸銀水溶液を加えたときの化学反応式は, 次のようになる。

$LiCl + AgNO_3 \longrightarrow AgCl \downarrow + LiNO_3$
$NaCl + AgNO_3 \longrightarrow AgCl \downarrow + NaNO_3$

塩化リチウム, 塩化ナトリウム, 塩化銀(Ⅰ) それぞれの式量は, $LiCl = 42.4$, $NaCl = 58.5$, $AgCl = 143.5$ より,

$143.5 \times \dfrac{x}{42.4} + 143.5 \times \dfrac{y}{58.5} = 2.95 \cdots \text{ii}$

i 式と ii 式より, $x \fallingdotseq 0.534\,\text{g}$

よって, $\dfrac{0.534}{1.00} \times 100 = 53.4\,\%$

132

答 $x = 8$, $y = 7$

検討 一酸化炭素, 酸素の分子量はそれぞれ, $CO = 28$, $O_2 = 32$

$\dfrac{\dfrac{28x}{22.4} + \dfrac{32y}{22.4}}{x + y} = \dfrac{4}{3} \quad \therefore \dfrac{x}{y} \fallingdotseq \dfrac{8}{7} \cdots \text{i}$

また, 反応前と反応後のそれぞれの物質の体積は次のようになる。

$2CO + O_2 \longrightarrow 2CO_2$

反応前	x	y	（単位 L を省略）
反応量	x	$\dfrac{x}{2}$	x
反応後	0	$y - \dfrac{x}{2}$	x

よって, $y - \dfrac{x}{2} + x = 11 \cdots \text{ii}$

i 式と ii 式より, $x = 8$, $y = 7$

13 酸と塩基

基本問題 ……………………… 本冊 p.47

133
[答] ア；受け取ったまたは得た　イ；塩基
ウ；与えたまたは放出した　エ；酸
オ；水酸化物イオンまたは OH^-　カ；塩基

テスト対策
▶ブレンステッドの酸・塩基の定義
反応において H^+ を $\begin{cases} 与える \Rightarrow 酸 \\ 受け取る \Rightarrow 塩基 \end{cases}$

134
[答] ① d　② e　③ a　④ c
⑤ g　⑥ a　⑦ b　⑧ c

[検討] 酸・塩基の強弱と価数は関係がない。
① NH_3 は水分子と反応して，次のように1分子から OH^- を1個出すので，1価の塩基である。
$$NH_3 + H_2O \longrightarrow NH_4^+ + OH^-$$
⑦ CH_3COOH は，分子中に4個の H 原子をもつが，COOH の H のみが電離するので，1価の酸である。
$$CH_3COOH \longrightarrow CH_3COO^- + H^+$$

テスト対策
▶酸・塩基の強弱と価数は関係がない。
▶3つの強酸 ⇨ HCl，HNO_3，H_2SO_4
　4つの強塩基 ⇨ $NaOH$，KOH，$Ca(OH)_2$，$Ba(OH)_2$

135
[答] オ

[検討] ア；酸・塩基の強弱と価数は関係がない。H_2S は HCl より弱い酸。
イ；HCl や H_2S は，酸素を含まない酸。
ウ；メタノール CH_3OH は，塩基ではない。
エ；水と反応して OH^- を出すので塩基。
オ；正しい。

136
[答] 1.3×10^{-2}

[検討] 電離度 $= \dfrac{電離した塩基の物質量}{溶かした塩基の物質量}$
$= \dfrac{電離した塩基のモル濃度}{溶かした塩基のモル濃度}$

溶かした塩基のモル濃度 $= 0.10$ mol/L
電離した塩基のモル濃度 $= 1.3 \times 10^{-3}$ mol/L
よって，電離度 $= \dfrac{1.3 \times 10^{-3}}{0.10} = 1.3 \times 10^{-2}$

応用問題 ……………………… 本冊 p.49

137
[答] (1) 塩基　(2) 塩基　(3) 塩基
(4) 酸

[検討] (1) $H_2O \longrightarrow H_3O^+$ より，H^+ を受け取っているから塩基。
(2) $Na_2CO_3 \longrightarrow NaHCO_3$ より，H^+ を受け取っているから塩基。
(3) $CH_3COONa \longrightarrow CH_3COOH$ より，H^+ を受け取っているから塩基。
(4) $H_2O \longrightarrow OH^-$ ($NaOH$) より，H^+ を与えているから酸。

138
[答] エ

[検討] エ；一般に，電離度は濃度が小さくなると大きくなる。よって，1価の弱酸の濃度を $\dfrac{1}{2}$ にすると，電離度は大きくなるので，水素イオン濃度は $\dfrac{1}{2}$ よりも大きくなる。

139
[答] (1) 5.0×10^{-3}，弱酸　(2) 6.0×10^{-3}

[検討] (1) 電離度 $= \dfrac{電離した酸の物質量}{溶かした酸の物質量}$
$\dfrac{0.0010}{0.20} = 5.0 \times 10^{-3}$

電離度が1である，強酸の HCl に比べるとはるかに電離度が小さいので，この酸は弱酸である。
(2) 酢酸の分子量は $CH_3COOH = 60.0$ より，モル質量は60.0 g/mol。酢酸15.0 g の物質量は

140〜144 の答え

$$\frac{15.0\,g}{60.0\,g/mol} = 0.250\,mol$$

モル濃度を求めると，

$$0.250 \times \frac{1000}{500} = 0.500\,mol/L$$

電離度 = 電離した酸のモル濃度/溶かした酸のモル濃度 より，

$$\frac{3.0 \times 10^{-3}}{0.500} = 6.0 \times 10^{-3}$$

140

[答] (1) $2.0 \times 10^{-3}\,mol/L$　(2) 1.2×10^{18}個
(3) **99倍**

[検討] (1)アンモニア水のモル濃度は，

$$\frac{2.24}{22.4} \times \frac{1000}{500} = 0.20\,mol/L$$

電離度 1.0×10^{-2} より，OH$^-$のモル濃度は，
$0.20 \times 1.0 \times 10^{-2} = 2.0 \times 10^{-3}\,mol/L$

(2)アンモニア水 1.0 mL に含まれる OH$^-$ の物質量は，

$$2.0 \times 10^{-3} \times \frac{1.0}{1000} = 2.0 \times 10^{-6}\,mol$$

よって，求める OH$^-$ の個数は，
$2.0 \times 10^{-6} \times 6.0 \times 10^{23} = 1.2 \times 10^{18}$

(3) $\dfrac{0.20(1.0 - 1.0 \times 10^{-2})}{2.0 \times 10^{-3}} = 99$倍

14 酸と塩基の反応

基本問題 ……………… 本冊 p.51

141

[答] (1) $2HCl + Ca(OH)_2 \longrightarrow CaCl_2 + 2H_2O$
(2) $H_2SO_4 + 2NaOH \longrightarrow Na_2SO_4 + 2H_2O$
(3) $H_2SO_4 + Ba(OH)_2 \longrightarrow BaSO_4 + 2H_2O$
(4) $2H_3PO_4 + 3Ca(OH)_2 \longrightarrow Ca_3(PO_4)_2 + 6H_2O$

[検討] 中和反応は，酸の H$^+$ と塩基の OH$^-$ から H$_2$O が生成し，同時に塩が生成する反応である。中和反応における H$^+$，OH$^-$，H$_2$O の物質量の割合は，H$^+$：OH$^-$：H$_2$O = 1：1：1

142

[答] (1) $0.4\,mol$　(2) $0.4\,mol$　(3) $0.3\,mol$

[検討] (1)硫酸は2価の酸，水酸化ナトリウムは1価の塩基だから，
$2 \times 0.2 = 1 \times n$　∴ $n = 0.4\,mol$
(2)水酸化カルシウムは2価の塩基だから，
$2 \times 0.4 = 2 \times n$　∴ $n = 0.4\,mol$
(3)酢酸は1価の酸だから，
$1 \times 0.6 = 2 \times n$　∴ $n = 0.3\,mol$

> **テスト対策**
> ▶中和の量的関係①
> 「酸の H$^+$ の物質量＝塩基の OH$^-$ の物質量」
> ⇨（酸の価数）×（酸の物質量）
> 　＝（塩基の価数）×（塩基の物質量）

143

[答] (1) $0.020\,mol$　(2) $0.16\,mol$
(3) $0.10\,mol$

[検討] (1)塩化水素は1価の酸であるから，
$0.10 \times \dfrac{200}{1000} = 0.020\,mol$
(2)水酸化カルシウムは2価の塩基であるから，
$2 \times 0.20 \times \dfrac{400}{1000} = 0.16\,mol$
(3)水酸化カルシウムの式量は，Ca(OH)$_2$ = 74 で，2価の塩基であるから，
$2 \times \dfrac{3.7}{74} = 0.10\,mol$

144

[答] (1) $50\,mL$　(2) $0.020\,mol/L$

[検討] (1)必要量を x [mL] とすると，硫酸は2価の酸，水酸化ナトリウムは1価の塩基であるから，中和の条件より，

$$2 \times 0.050 \times \frac{40.0}{1000} = 0.080 \times \frac{x}{1000}$$

∴ $x = 50\,mL$

(2)求める濃度を y [mol/L] とすると，硫酸は2価の酸，水酸化カルシウムは2価の塩基であるから，

$$2 \times 0.025 \times \frac{10.0}{1000} = 2 \times y \times \frac{12.5}{1000}$$

∴ $y = 0.020\,mol/L$

テスト対策

▶ 中和の量的関係②

「酸のH^+の物質量＝塩基のOH^-の物質量」

c[mol/L], a 価の酸の溶液 v[L]
c'[mol/L], b 価の塩基の溶液 v'[L]

$\Rightarrow a \times c \times \dfrac{v}{1000} = b \times c' \times \dfrac{v'}{1000}$

$\Rightarrow a\,c\,v = b\,c'\,v'$

145

答 40 mL

検討 シュウ酸の結晶 $(COOH)_2 \cdot 2H_2O$ の分子量は126.0。シュウ酸は2価の酸であるから，求める水酸化ナトリウム水溶液の体積を x[mL] とすると，中和の条件より，

$2 \times \dfrac{1.26}{126.0} = 0.50 \times \dfrac{x}{1000}$

∴ $x = 40$ mL

テスト対策

▶ 中和の量的関係③

「酸のH^+の物質量＝塩基のOH^-の物質量」

分子量(式量)M, a 価の酸(塩基)の溶液 w[g] と，c[mol/L], b 価の塩基(酸)の溶液 v[L] が中和

$a \times \dfrac{w}{M} = b \times c \times \dfrac{v}{1000}$

146

答 (1) 溶液 A；ホールピペット，溶液 B；ビュレット　(2) ④　(3) **0.082 mol/L**

検討 (1)溶液10.0 mLを正確に測りとる器具はホールピペット，溶液の滴下した体積を測定する器具はビュレットである。

(2)ビュレットやホールピペットは，純水で洗ったまま使用すると，ぬれている純水の分だけ試料溶液の体積が減少することになる。したがって，数回試料溶液で洗った後(これを共洗いという)，実験する。ただし，乾燥などの無駄なことはしない。

(3)酢酸水溶液の濃度を x[mol/L] とすると，酸・塩基とも1価なので，中和の条件より，

$x \times \dfrac{10.0}{1000} = 0.10 \times \dfrac{8.20}{1000}$

∴ $x = 0.082$ mol/L

応用問題　　　　　　　　　　本冊 p.53

147

答 14 mL

検討 求める水酸化ナトリウム水溶液の体積を x[mL] とすると，酢酸は1価の酸，硫酸は2価の酸，水酸化ナトリウムは1価の塩基であり，水酸化ナトリウムの式量は NaOH = 40.0 であるから，中和の条件より，

$0.10 \times \dfrac{50.0}{1000} + 2 \times 0.12 \times \dfrac{50.0}{1000}$

$= x \times 1.0 \times \dfrac{5.0}{100} \times \dfrac{1}{40.0}$

∴ $x = 13.6$ mL ≒ 14 mL

148

答 (1) 9.0×10^{-3} mol　(2) **0.37 g**

検討 (1)求める硫酸を x[mol] とすると，硫酸は2価の酸，水酸化ナトリウムは1価の塩基であるから，中和の条件より，

$2 \times x = 0.50 \times \dfrac{36.0}{1000}$

∴ $x = 9.0 \times 10^{-3}$ mol

(2)吸収されたアンモニアを y[g] とすると，アンモニアの分子量は $NH_3 = 17.0$ であり，1価の塩基であるから，(1)で求めた値を用いて，中和の条件より，

$2 \times 1.0 \times \dfrac{20.0}{1000} = \dfrac{y}{17.0} + 2 \times 9.0 \times 10^{-3}$

∴ $y = 0.374$ g ≒ 0.37 g

149

答 150

検討 2価の酸の分子量を M とすると，水酸化ナトリウムは1価の塩基なので，中和の条件より，

$2 \times \dfrac{0.300}{M} = 1 \times 0.100 \times \dfrac{40.0}{1000}$

∴ $M = 150$

150

答 4.20 %

検討 10倍に薄めた食酢のモル濃度を x〔mol/L〕とすると，酢酸は1価の酸，水酸化ナトリウムは1価の塩基だから，中和の条件より，

$$1 \times x \times \frac{10.0}{1000} = 1 \times 0.100 \times \frac{7.00}{1000}$$

$$\therefore x = 0.0700 \text{ mol/L}$$

よって，食酢原液の濃度は，0.700 mol/L。食酢の質量パーセントを y〔%〕とし，食酢1L中の酢酸の質量で方程式を立てると，

$$1000 \text{ cm}^3 \times 1.00 \text{ g/cm}^3 \times \frac{y}{100} \times \frac{1}{60.0 \text{ g/mol}}$$
$$= 0.700 \text{ mol} \quad \therefore y = 4.20\%$$

151

答 (1) a：ト b：サ c：イ d：ウ
e：カ f：チ g：キ (2) d：ウ e：ア

検討 シュウ酸水溶液を一定体積，正確にとるにはホールピペットを用いるが，ホールピペットが蒸留水でぬれていると，その量だけシュウ酸が少なくなる。したがって，シュウ酸水溶液であらかじめ洗って使用する。

三角フラスコでシュウ酸水溶液をつくるときはフラスコがぬれていてもシュウ酸の量は変わらないから，ぬれたまま使用可。

15 水素イオン濃度とpH

基本問題 ……………………… 本冊 p.56

152

答 ア：H^+ イ：OH^-（ア，イは順不同）
ウ：水素イオン エ：水酸化物イオン
オ：1.0×10^{-7} カ：反比例
キ：1.0×10^{-14}

検討 水溶液中の$[H^+]$と$[OH^-]$の積K_Wは同一温度において一定であり，**水のイオン積**という。25℃では$K_W = 1.0 \times 10^{-14} \text{(mol/L)}^2$である。

153

答 (1) $[H^+] = 0.10 \text{ mol/L}$,
$[OH^-] = 1.0 \times 10^{-13} \text{ mol/L}$
(2) $[H^+] = 1.8 \times 10^{-3} \text{ mol/L}$,
$[OH^-] = 5.6 \times 10^{-12} \text{ mol/L}$
(3) $[H^+] = 1.0 \times 10^{-13} \text{ mol/L}$,
$[OH^-] = 0.10 \text{ mol/L}$
(4) $[H^+] = 8.3 \times 10^{-12} \text{ mol/L}$,
$[OH^-] = 1.2 \times 10^{-3} \text{ mol/L}$

検討 (1) 塩化水素は1価の強酸で，電離度が1であるから，

$$[H^+] = 0.10 \text{ mol/L}$$
$$[OH^-] = \frac{1.0 \times 10^{-14}}{0.10} = 1.0 \times 10^{-13} \text{ mol/L}$$

(2) $[H^+] = 0.10 \times 0.018 = 1.8 \times 10^{-3} \text{ mol/L}$
$$[OH^-] = \frac{1.0 \times 10^{-14}}{1.8 \times 10^{-3}} ≒ 5.6 \times 10^{-12} \text{ mol/L}$$

(3) 水酸化ナトリウムは1価の強塩基で，電離度が1であるから，

$$[OH^-] = 0.10 \text{ mol/L}$$
$$[H^+] = \frac{1.0 \times 10^{-14}}{0.10} = 1.0 \times 10^{-13} \text{ mol/L}$$

(4) $[OH^-] = 0.10 \times 0.012 = 1.2 \times 10^{-3} \text{ mol/L}$
$$[H^+] = \frac{1.0 \times 10^{-14}}{1.2 \times 10^{-3}} ≒ 8.3 \times 10^{-12} \text{ mol/L}$$

154

答 ア：1.0×10^{-10} イ：4 ウ：酸
エ：1.0×10^{-5} オ：9 カ：塩基
キ：1.0×10^{-7} ク：7 ケ：中

検討 $[H^+][OH^-] = 1.0 \times 10^{-14} \text{(mol/L)}^2$ より，$[OH^-]$を求めることができる。

> **テスト対策**
> ▶ pH
> $[H^+] = 1.0 \times 10^{-n} \text{ mol/L}$ のとき pH $= n$
> ▶ 水溶液の性質とpH・水素イオン濃度$[H^+]$
> 酸性 ⇒ pH < 7, $[H^+] > 1.0 \times 10^{-7} \text{ mol/L}$
> 中性 ⇒ pH = 7, $[H^+] = 1.0 \times 10^{-7} \text{ mol/L}$
> 塩基性 ⇒ pH > 7, $[H^+] < 1.0 \times 10^{-7} \text{ mol/L}$

155

答 エ

検討 水素イオン濃度$[H^+]$が大きいほど，pHは小さな値をとる。最も$[H^+]$が大きいのは，0.100 mol/L 硫酸（2価の酸）で，次が0.100 mol/L 塩酸（1価の強酸）である。塩基の場合には，$[H^+]$と$[OH^-]$とが反比例の関係にあり，

[OH^-]が大きいときには，[H^+]が小さくなり，pHは大きくなる。0.100 mol/L アンモニア水（1価の弱塩基）の[OH^-]は，0.100 mol/L 水酸化カルシウム水溶液よりも小さいので，0.100 mol/L アンモニア水の[H^+]は，0.100 mol/L 水酸化カルシウム水溶液よりも大きい。したがって，[H^+]の大きさの順は，硫酸＞塩酸＞アンモニア水＞水酸化カルシウムとなり，pHの順は，この逆になる。

156

答 (1) **1**　(2) **3**　(3) **4**　(4) **12**
(5) **11**

検討 (1)塩化水素は1価の強酸で，電離度が1であるから，
  [H^+] = 0.10 mol/L = 1.0×10^{-1} mol/L
  よって，pH = 1
(2) [H^+] = $0.10 \times \dfrac{1.0}{100} = 1.0 \times 10^{-3}$ mol/L
  よって，pH = 3
(3) [H^+] = $0.010 \times 0.010 = 1.0 \times 10^{-4}$ mol/L
  よって，pH = 4
(4) 水酸化ナトリウムは1価の強塩基で，電離度が1であるから，
  [OH^-] = 0.010 mol/L
  [H^+][OH^-] = 1.0×10^{-14} (mol/L)^2 より，
  [H^+] = $\dfrac{1.0 \times 10^{-14}}{0.010} = 1.0 \times 10^{-12}$ mol/L
  よって，pH = 12
(5) [OH^-] = $0.050 \times 0.020 = 1.0 \times 10^{-3}$ mol/L
  [H^+] = $\dfrac{1.0 \times 10^{-14}}{1.0 \times 10^{-3}} = 1.0 \times 10^{-11}$ mol/L
  よって，pH = 11

テスト対策

▶ **pHの求め方**：次の①〜③による。

① $\begin{cases} [H^+] = (\text{1価の酸のモル濃度}) \\ \qquad\qquad \times (\text{電離度}) \\ [OH^-] = (\text{1価の塩基のモル濃度}) \\ \qquad\qquad \times (\text{電離度}) \end{cases}$

② K_W = [H^+][OH^-] = 1.0×10^{-14} (mol/L)^2

③ [H^+] = 1.0×10^{-n} mol/L ⇒ pH = n

157

答 (1) 1.7×10^{-3}　(2) 2.5×10^{-2}

検討 (1) pH = 2 より，
  [H^+] = 1.0×10^{-2} mol/L
電離度を a とすると，酢酸は1価の酸なので，
  $1.0 \times 10^{-2} = 6.0\, a$　　∴ $a ≒ 1.7 \times 10^{-3}$
(2) pH = 11 より，[H^+] = 1.0×10^{-11} mol/L
  [H^+][OH^-] = 1.0×10^{-14} (mol/L)^2 より，
  [OH^-] = $\dfrac{1.0 \times 10^{-14}}{1.0 \times 10^{-11}} = 1.0 \times 10^{-3}$ mol/L
電離度を a とすると，アンモニアは1価の塩基なので，
  $1.0 \times 10^{-3} = 0.040\, a$　　∴ $a = 2.5 \times 10^{-2}$

158

答 (1) $x = 10$，$y = 20$　(2) A：**エ**，B：**イ**

検討 (1) x；A点までの反応は，
  $Na_2CO_3 + HCl \longrightarrow NaHCO_3 + NaCl$ … ⅰ
反応した Na_2CO_3 と HCl の物質量は等しい。炭酸ナトリウム水溶液と塩酸の濃度が等しいので，その体積も等しく 10 mL である。よって，x は 10 である。

y；ⅰ式より，生成した $NaHCO_3$ と，反応した Na_2CO_3 および HCl の物質量は互いに等しい。A点からB点までの反応は，
$NaHCO_3 + HCl \longrightarrow NaCl + CO_2 + H_2O$ … ⅱ
よって，ⅱ式で反応した HCl は，ⅰ式で反応した HCl と物質量が互いに等しい。したがって，A点からB点まで加えた塩酸は 10 mL であり，10 mL + 10 mL = 20 mL より，y は 20 である。

(2) A点は塩基性であり，変色域が塩基性であるフェノールフタレイン，B点は酸性であり，変色域が酸性であるメチルオレンジを用いる。

テスト対策

▶ Na_2CO_3 水溶液と塩酸の2段階中和の反応量

⇒ 第1段階で反応する Na_2CO_3 の物質量
　＝第1段階で反応する HCl の物質量
　＝第2段階で反応する HCl の物質量

応用問題

159
答 エ

検討 ア：硫酸は2価の酸で，[H⁺]は硝酸より大きく，pHは小さい。
イ：酢酸は弱酸，塩酸は強酸で，[H⁺]は酢酸のほうが小さく，pHは大きい。
ウ：水の電離によって[H⁺] = 1.0×10^{-7} mol/Lの水素イオンが生成しているので，うすめただけでpHが7より大きくなることはない。
エ：アンモニアは弱塩基，水酸化ナトリウムは強塩基であり，[H⁺]はアンモニアのほうが大きく，pHは小さい。
オ：pHは11になる。

160
答 (1) **2**　　(2) **12**

検討 (1)希塩酸に含まれるH⁺の物質量は，
$0.050 \times \dfrac{600}{1000} = 0.030$ mol
水酸化ナトリウム水溶液に含まれるOH⁻の物質量は，
$0.050 \times \dfrac{400}{1000} = 0.020$ mol
中和されずに残ったH⁺の物質量は，
$0.030 - 0.020 = 0.010 = 1.0 \times 10^{-2}$ mol
混合後の溶液の体積1000 mL（1 L）であるから，[H⁺] = 1.0×10^{-2} mol/L
よって，pH = 2
(2)中和されずに残ったOH⁻の物質量は，
$0.10 \times \dfrac{55}{1000} - 0.10 \times \dfrac{45}{1000} = 1.0 \times 10^{-3}$ mol
混合後の溶液のOH⁻のモル濃度は，
[OH⁻] = $1.0 \times 10^{-3} \times \dfrac{1000}{45 + 55} = 1.0 \times 10^{-2}$ mol/L
[H⁺][OH⁻] = 1.0×10^{-14} (mol/L)² より，
[H⁺] = $\dfrac{1.0 \times 10^{-14}}{1.0 \times 10^{-2}} = 1.0 \times 10^{-12}$ mol/L
よって　pH = 12

161
答 イ

検討 0.20 mol/Lの希塩酸100.0 mLに，0.20 mol/Lの水酸化ナトリウム水溶液99.9 mL加えたとすると，残ったHClの物質量は，
$0.20 \times \dfrac{100.0 - 99.9}{1000} = 2.0 \times 10^{-5}$ mol
HClは1価の強酸であり，電離度が1なので，
[H⁺] = $2.0 \times 10^{-5} \times \dfrac{1000}{100.0 + 99.9}$
　　$≒ 1.0 \times 10^{-4}$ mol/L
よって，pH = 4

162
答 力

検討 水酸化ナトリウムは1価の強塩基である。
a：滴下量が10 mLで中和し，中和点のpHが7より大きいので，**a**は1価の弱酸 ➡ 酢酸。
b：滴下量が20 mLで中和し，中和点のpHが7であるから，**b**は2価の強酸 ➡ 硫酸。

163
答 (1) **イ**　　(2) **ウ，変色域がこの中和滴定の中和点付近にあるから。**

検討 (1)中和点が塩基性側によっているので弱酸と強塩基の中和である。したがってイ。
(2)変色域が塩基性である，フェノールフタレインが指示薬として適当である。

> **テスト対策**
> ▶中和の指示薬の選択
> 強酸と強塩基 ⇨ フェノールフタレイン
> 　　　　　　　またはメチルオレンジ
> 強酸と弱塩基 ⇨ メチルオレンジ
> 弱酸と強塩基 ⇨ フェノールフタレイン

164
答 **0.80 g**

検討 塩酸20 mLまでの反応は，
NaOH + HCl ⟶ NaCl + H₂O
Na₂CO₃ + HCl ⟶ NaHCO₃ + NaCl … i
塩酸20 mL～30 mLの反応は，
NaHCO₃ + HCl ⟶ NaCl + CO₂ + H₂O … ii
i 式より，反応したNa₂CO₃と生成した

NaHCO₃ の物質量が等しく，またⅱ式より，反応した NaHCO₃ と HCl の物質量が等しいことがわかる。よって，Na₂CO₃ の物質量は，ⅱ式で反応した HCl の物質量が等しいので，

$$0.20 \times \frac{30-20}{1000} = 2.0 \times 10^{-3} \text{ mol}$$

炭酸ナトリウムの式量は Na₂CO₃ ＝ 106.0 より，モル質量は106 g/mol。
よって，Na₂CO₃ の質量は，

$$106 \text{ g/mol} \times 2.0 \times 10^{-3} \text{ mol} = 0.212 \text{ g}$$

NaOH の質量は，$0.292 \text{ g} - 0.212 \text{ g} = 0.080 \text{ g}$
もとの NaOH の質量はこの10倍の0.80 g。

16 塩の性質

基本問題　本冊 p.61

165

答　(1) KNO_3　(2) $BaSO_4$　(3) NH_4Cl
(4) Na_2CO_3　(5) $CaSO_3$　(6) $MgCl_2$
(7) $CuSO_4$　(8) $MgCl_2$　(9) $Al_2(SO_4)_3$
(10) $CuCl_2$

検討　(1)酸＋塩基の反応である。
　　$HNO_3 + KOH \longrightarrow KNO_3 + H_2O$
(2)酸＋塩基の反応である。
　　$H_2SO_4 + Ba(OH)_2 \longrightarrow BaSO_4 + 2H_2O$
(3)酸＋塩基の反応である。
　　$NH_3 + HCl \longrightarrow NH_4Cl$
(4)塩基＋酸性酸化物の反応である。
　　$2NaOH + CO_2 \longrightarrow Na_2CO_3 + H_2O$
(5)塩基＋酸性酸化物の反応である。
　　$Ca(OH)_2 + SO_2 \longrightarrow CaSO_3 + H_2O$
(6)塩基性酸化物＋酸の反応である。
　　$MgO + 2HCl \longrightarrow MgCl_2 + H_2O$
(7)塩基性酸化物＋酸の反応である。
　　$CuO + H_2SO_4 \longrightarrow CuSO_4 + H_2O$
(8)金属＋酸の反応である。
　　$Mg + 2HCl \longrightarrow MgCl_2 + H_2$
(9)金属＋酸の反応である。
　　$2Al + 3H_2SO_4 \longrightarrow Al_2(SO_4)_3 + 3H_2$
(10)金属単体＋非金属単体の反応である。
　　$Cu + Cl_2 \longrightarrow CuCl_2$

166

答　(1) a：$H_2SO_4 + 2NaOH \longrightarrow Na_2SO_4 + 2H_2O$
b：$H_2SO_4 + NaOH \longrightarrow NaHSO_4 + H_2O$
(2) a：$H_3PO_4 + 3NaOH \longrightarrow Na_3PO_4 + 3H_2O$
b：$H_3PO_4 + 2NaOH \longrightarrow Na_2HPO_4 + 2H_2O$
$H_3PO_4 + NaOH \longrightarrow NaH_2PO_4 + H_2O$
(3) a：$2NaCl + H_2SO_4 \longrightarrow Na_2SO_4 + 2HCl$
b：$NaCl + H_2SO_4 \longrightarrow NaHSO_4 + HCl$

検討　(1)(3)硫酸は次のように2段階に電離する。
　　$H_2SO_4 \longrightarrow H^+ + HSO_4^-$
　　$HSO_4^- \longrightarrow H^+ + SO_4^{2-}$
(2)リン酸は次のように3段階に電離する。
　　$H_3PO_4 \longrightarrow H^+ + H_2PO_4^-$
　　$H_2PO_4^- \longrightarrow H^+ + HPO_4^{2-}$
　　$HPO_4^{2-} \longrightarrow H^+ + PO_4^{3-}$

167

答　(1) B　(2) A　(3) A　(4) C
(5) A　(6) B　(7) B　(8) C　(9) A

検討　H^+ になる H を含む塩が酸性塩，OH^- になる OH を含む塩が塩基性塩，これらを含まない塩が正塩である。NH_4Cl や CH_3COONa は H^+ になる H を含まないから正塩である。

168

答　(1) 酸性　(2) 塩基性　(3) 酸性
(4) ほぼ中性　(5) ほぼ中性　(6) 塩基性

検討　(1)HCl と NH_3 からなる塩 ➡ 酸性。
(2)H_2CO_3 と NaOH からなる塩 ➡ 塩基性。
(3)H_2SO_4 と $Cu(OH)_2$ からなる塩 ➡ 酸性。
(4)HNO_3 と KOH からなる塩 ➡ ほぼ中性。
(5)H_2SO_4 と NaOH からなる塩 ➡ ほぼ中性。
(6)CH_3COOH と NaOH からなる塩 ➡ 塩基性。

> **テスト対策**
> ▶正塩の水溶液の性質
> 　強酸と強塩基からなる塩 ⇨ ほぼ中性
> 　強酸と弱塩基からなる塩 ⇨ 酸性
> 　弱酸と強塩基からなる塩 ⇨ 塩基性

169〜**173** の答え

169

答 ア：電離　イ：小さ　ウ：水
エ：水酸化物　オ：H_2O　カ：OH^-
キ：水素　ク：塩基

検討 酢酸ナトリウムは，水溶液中でほぼ完全に次のように電離する。

$$CH_3COONa \rightleftarrows CH_3COO^- + Na^+$$

酢酸 CH_3COOH は電離度が小さい。すなわち，酢酸分子が安定であるので，酢酸イオン CH_3COO^- の一部は，次のように水と反応して酢酸分子となり，このとき水酸化物イオン OH^- が生成する。

$$CH_3COO^- + H_2O \rightleftarrows CH_3COOH + OH^-$$

OH^- が生成するので塩基性を示す。このような反応を**塩の加水分解**という。

応用問題　………………本冊 p.62

170

答 (1) エ　(2) イ　(3) カ　(4) オ
(5) ア　(6) ウ

検討 正塩は，$CuSO_4$（イ），KNO_3（エ），Na_2CO_3（カ）。
$CuSO_4$ は強酸と弱塩基からなる塩 ➡ 酸性。
KNO_3 は強酸と強塩基からなる塩 ➡ ほぼ中性。
Na_2CO_3 は弱酸と強塩基からなる塩 ➡ 塩基性。
　酸性塩は $NaHCO_3$（ア），$KHSO_4$（オ）。
$NaHCO_3$ は弱酸と強塩基からなる酸性塩 ➡ 弱塩基性。
$KHSO_4$ は強酸と強塩基からなる酸性塩 ➡ 酸性
　塩基性塩は $MgCl(OH)$（ウ）。

テスト対策

▶酸性塩の水溶液の性質
{ 強酸と強塩基からなる酸性塩 ⇨ **酸性**
{ 弱酸と強塩基からなる酸性塩 ⇨ **弱塩基性**

171

答 ウ＞ア＞イ＞エ

検討 ア：$NaHCO_3$ は弱酸と強塩基からなる酸性塩 ➡ 弱塩基性
イ：K_2SO_4 は強酸と強塩基からなる正塩 ➡ ほぼ中性
ウ：Na_2CO_3 は弱酸と強塩基からなる正塩 ➡ 塩基性
エ：NH_4Cl は強酸と弱塩基からなる正塩 ➡ 酸性
　塩基性であるほど pH が大きく，酸性であるほど pH が小さい。

172

答 ⑤

検討 ① HCl は1価の酸，$Ba(OH)_2$ は2価の塩基であるから塩基性。
② KCl 水溶液はほぼ中性，Na_2CO_3 水溶液は塩基性。これらは混合しても反応しないので塩基性。
③ H_2SO_4 は2価の強酸，$NaOH$ は1価の強塩基で，濃度が硫酸の2倍ある。また Na_2SO_4 の沈殿が生じているからほぼ中性。
④ $Na_2CO_3 + 2HCl \longrightarrow 2NaCl + H_2O + CO_2$
より，Na_2CO_3 が残るので塩基性。これは弱酸の塩である Na_2CO_3 に強酸の HCl を加えると，弱酸の H_2CO_3（$H_2O + CO_2$）が発生する反応である。
⑤ $CH_3COONa + HCl \longrightarrow NaCl + CH_3COOH$
より，混合溶液は酸性。これは弱酸の塩である CH_3COONa に強酸の HCl を加えると，弱酸の CH_3COOH が発生する反応である。

173

答 (1) ②，⑤　(2) ③，⑦

検討 ① $CuSO_4$ は酸性，CH_3COONa は塩基性。
② どちらも酸性。
③ $CaO + H_2O \longrightarrow Ca(OH)_2$
どちらも塩基性。
④ $NaHSO_4$ は酸性。
$Na_2O + H_2O \longrightarrow 2NaOH$ より，塩基性。
⑤ $SO_2 + H_2O \rightleftarrows H^+ + HSO_3^-$
どちらも酸性。
⑥ どちらもほぼ中性。
⑦ どちらも塩基性。
⑧ Na_2SO_3 は塩基性，$FeCl_3$ は酸性。

174

答 (1) 2　(2) 2　(3) 2　(4) 1
(5) 1　(6) 1　(7) 3　(8) 0　(9) 2

検討　CO_2, NO_2, P_4O_{10}, SO_2 は，非金属元素の酸化物で，酸性酸化物であり，いずれも水に溶けて酸性を示す。

CaO は，金属元素の酸化物で，塩基性酸化物であり，水に溶けて塩基性を示す。

NH_3 は弱塩基，Na_2CO_3 は弱酸と強塩基の塩であり，ともに水に溶けると塩基性を示す。

テスト対策

▶非金属元素の酸化物 ⇨ 酸性酸化物
　⇨ 塩基と中和反応し，水溶液は酸性。
▶金属元素の酸化物 ⇨ 塩基性酸化物
　⇨ 酸と中和反応し，水溶液は塩基性。

175

答　イ＞ア＞エ＞ウ

検討　酢酸ナトリウムは，水溶液中ではほぼ完全に次のように電離する。

$CH_3COONa \rightleftarrows CH_3COO^- + Na^+$

したがって，水溶液中には CH_3COO^- と Na^+ は多量存在するが，酢酸は電離度が小さく，分子が安定であるため，CH_3COO^- の一部は水と反応して CH_3COOH と OH^- になる。

$CH_3COO^- + H_2O \rightleftarrows CH_3COOH + OH^-$

このため，CH_3COO^- は Na^+ より少なくなる。

水はごくわずかが $H_2O \rightleftarrows H^+ + OH^-$ のように電離しているが，OH^- が生成したため，H^+ より多くなる。したがって濃度は，

$Na^+ > CH_3COO^- > OH^- > H^+$

17 酸化と還元

基本問題　　　　　　　　　本冊 p.65

176

答　ア；O_2　イ；酸化　ウ；電子
エ；e^-　オ；還元

テスト対策

▶電子の増減と酸化・還元
　電子を失った ⇨ 酸化された
　電子を受け取った ⇨ 還元された

177

答 (1) 0　(2) −2　(3) +3
(4) +2　(5) +6　(6) +5　(7) +2
(8) +3　(9) +3　(10) +7　(11) +2
(12) −2　(13) −3　(14) +6　(15) +5

検討　(1) 単体であるから 0。
(2) $(+1) \times 2 + x = 0$　∴ $x = -2$
(3) $x \times 2 + (-2) \times 3 = 0$　∴ $x = +3$
(4) $MgCl_2$ の酸は HCl より，Cl の酸化数は −1。
　$x + (-1) \times 2 = 0$　∴ $x = +2$
(5) $(+1) \times 2 + x + (-2) \times 4 = 0$　∴ $x = +6$
(6) $(+1) + x + (-2) \times 3 = 0$　∴ $x = +5$
(7) $Cu(NO_3)_2$ の酸は HNO_3 より NO_3 の酸化数は −1。
　$x + (-1) \times 2 = 0$　∴ $x = +2$
(8) $Fe_2(SO_4)_3$ の酸は H_2SO_4 より SO_4 の酸化数は −2。
　$x \times 2 + (-2) \times 3 = 0$　∴ $x = +3$
(9) $x + (-2+1) \times 3 = 0$　∴ $x = +3$
(10) $(+1) + x + (-2) \times 4 = 0$　∴ $x = +7$
(11) 価数より +2
(12) 価数より −2
(13) $x + (+1) \times 4 = +1$　∴ $x = -3$
(14) $x \times 2 + (-2) \times 7 = -2$　∴ $x = +6$
(15) $x + (-2) \times 4 = -3$　∴ $x = +5$

テスト対策

▶酸化数の求め方
　単体 ⇨ 0
　単原子イオン ⇨ 価数
　化合物 ⇨ $Na \cdot K \cdot H$ を +1，O を −2 を基準，合計を 0 とする。
　多原子イオン ⇨ 合計を価数とする。

178

答 (1) R (2) O (3) R (4) O
(5) N (6) R (7) N (8) O
(9) R (10) N

検討 (1) I；$0 \longrightarrow -1$ ➡ 還元された
(2) S；$-2 \longrightarrow 0$ ➡ 酸化された
(3) Mn；$+4 \longrightarrow +2$ ➡ 還元された
(4) Fe；$+2 \longrightarrow +3$ ➡ 酸化された
(5) S；$+6$ のまま ➡ いずれでもない
(6) Cr；$+6 \longrightarrow +3$ ➡ 還元された
(7) Cr；$+6$ のまま ➡ いずれでもない
(8) H が減少。➡ 酸化された
(9) O が減少。➡ 還元された
(10) H_2O が減少。➡ いずれでもない

> **テスト対策**
> ▶酸化・還元の判別
> ●無機物質 ⇨ 酸化数の増減
> 酸化数が $\begin{cases} 増加 \Rightarrow 酸化された \\ 減少 \Rightarrow 還元された \end{cases}$
> ●有機化合物 ⇨ O・H の増減

179

答 ③

検討 酸化数の変化のある原子が存在する反応が酸化還元反応である。単体が関係する①(Cl_2)，②(Cl_2, I_2)，④(Cu)は酸化還元反応。③の反応は酸化数の変化がない。
⑤では Hg と Sn の酸化数が変化している。
Hg；$+2 \longrightarrow +1$，Sn；$+2 \longrightarrow +4$

> **テスト対策**
> ▶単体が関係(反応・生成)している反応
> ⇨ 酸化還元反応

応用問題　　本冊 p.66

180

答 オ＞ア＞イ＞ウ＞カ＞エ

検討 下線上の原子の酸化数 x を求めると，
ア；$x \times 2 + (-2) \times 7 = -2$　∴ $x = +6$
イ；$(+1) + x + (-2) \times 3 = 0$　∴ $x = +5$
ウ；$x + (-2) \times 2 = 0$　∴ $x = +4$
エ；H_2SO_4 からわかるように SO_4 は2価の陰イオンだから -2。よって $+2$
オ；$x + (-2) \times 4 = -1$　∴ $x = +7$
カ；$x + (+1-2) \times 3 = 0$　∴ $x = +3$

181

答 ③，⑦

検討 S の酸化数が減少した反応を選ぶ。
① ② 変化なし
③ $+6 \longrightarrow +4$
④ 変化なし
⑤ $+4 \longrightarrow +6$
⑥ 変化なし
⑦ $+4 \longrightarrow 0$

182

答 酸化された原子・還元された原子の順
② Sn, Cr　⑤ I, Cu　⑥ S, Cl

検討 酸化数が増加した原子が酸化された原子，酸化数が減少した原子が還元された原子である。酸化数の変化は次のとおりである。
② Sn；$+2 \longrightarrow +4$, Cr；$+6 \longrightarrow +3$
⑤ I；$-1 \longrightarrow 0$, Cu；$+2 \longrightarrow +1$
⑥ S；$+4 \longrightarrow +6$, Cl；$0 \longrightarrow -1$

183

答 ① d　② e

検討 ①金属原子の酸化数が減少する反応を選ぶ。a・c・e は酸化還元反応ではない。b と d の金属原子の酸化数の変化は，
　b　Zn；$0 \longrightarrow +2$,
　d　Mn；$+4 \longrightarrow +2$　よって，d。
②発生する気体は，a が HCl，b が H_2，c が CO_2，d が Cl_2，e が H_2S。
　ヨウ素が溶けるときの反応式は，$I_2 + 2e^- \longrightarrow 2I^-$ であり，ヨウ素が還元されているので，酸化される物質，つまり酸化数が増加する原子を含む物質である H_2S。ヨウ素が H_2S によって還元される反応は，
　　$I_2 + H_2S \longrightarrow 2HI + S$

18 酸化剤と還元剤

基本問題 ・・・・・・・・・・・・・・・ 本冊 p.69

184
答　ア；-1　イ；0　ウ；酸化
　　エ；還元　オ；0　カ；-1
　　キ；還元　ク；酸化

検討　酸化剤は，相手の物質を酸化する物質であり，自身は還元される物質である。還元剤は，相手の物質を還元する物質であり，自身は酸化される物質である。

> **テスト対策**
> ▶酸化剤と還元剤
> 　酸化剤 ⇨ 相手を酸化(自身は還元される)
> 　　　　 ⇨ 還元されやすい物質
> 　還元剤 ⇨ 相手を還元(自身は酸化される)
> 　　　　 ⇨ 酸化されやすい物質

185
答　(1) R　(2) R　(3) O　(4) O
　　(5) R　(6) R

検討　(1) Cu；$0 \longrightarrow +2$ ➡ 還元剤
　　(2) I；$-1 \longrightarrow 0$ ➡ 還元剤
　　(3) Cl；$0 \longrightarrow -1$ ➡ 酸化剤
　　(4) Mn；$+4 \longrightarrow +2$ 酸化剤
　　(5) Mg；$0 \longrightarrow +2$ ➡ 還元剤
　　(6) Fe；$+2 \longrightarrow +3$ ➡ 還元剤

> **テスト対策**
> ▶酸化剤・還元剤の見分け方
> 　酸化剤として作用 ⇨ 還元された
> 　　　　⇨ 酸化数が減少した原子を含む。
> 　還元剤として作用 ⇨ 酸化された
> 　　　　⇨ 酸化数が増加した原子を含む。

186
答　(1) $Cr_2O_7^{2-} + 6I^- + 14H^+$
　　　$\longrightarrow 2Cr^{3+} + 3I_2 + 7H_2O$
　　(2) KI；**1.2 mol**，I_2；**0.60 mol**

検討　(1) i 式とii 式の電子 e^- を消去するために，i 式 + ii 式×3 とする。
(2) $Cr_2O_7^{2-}$ と I^- の係数より，求めるヨウ化カリウム KI を x〔mol〕とすると，
　　$1:6 = 0.20:x$　∴ $x = 1.2$ mol
　　ii 式の係数より，生成したヨウ素 I_2 を y〔mol〕とすると，
　　$1.2:y = 2:1$　∴ $y = 0.60$ mol

[参考]酸化剤のはたらきを大きくするために，溶液を酸性にする。そのとき，通常は硫酸を用いる(硫酸酸性)。

応用問題 ・・・・・・・・・・・・・・・ 本冊 p.70

187
答　(1) ③，⑤　(2) ① H_2SO_4
　　② O_2　④ Cl_2

検討　(1)酸化数の変化しない反応。単体が関係している①，②，④は酸化還元反応である。
(2)酸化剤として作用した物質は，酸化数が減少した原子を含む物質である。
① H_2SO_4 の H；$+1 \longrightarrow 0$
② O_2 の O；$0 \longrightarrow -2$
④ Cl_2 の Cl；$0 \longrightarrow -1$

188
答　(1) a；②，$+4 \longrightarrow +6$
　　　b；①，$+4 \longrightarrow 0$
　　(2) a；②，$-1 \longrightarrow -2$
　　　b；③，$-1 \longrightarrow 0$
　　(3) $KMnO_4 > H_2O_2 > SO_2 > H_2S$

検討　(1) a；S の酸化数の増加している反応。
b；S の酸化数の減少している反応。
(2) a；O の酸化数の減少している反応。
b；O の酸化数の増加している反応。
(3)酸化剤としての強さ；①式より $SO_2 > H_2S$，②式より $H_2O_2 > SO_2$，③式より $KMnO_4 > H_2O_2$。

189
答　(1) ① -2　② 0　③ -1
　　(2) ① 還元剤　② 酸化剤
　　(3) $H_2O_2 + 2H^+ + 2e^- \longrightarrow 2H_2O$

(4) $2KMnO_4 + 5H_2O_2 + 3H_2SO_4$
　　$\longrightarrow K_2SO_4 + 2MnSO_4 + 8H_2O + 5O_2$

|検討| (1) H_2O, H_2O_2 のいずれも H の酸化数 +1 を基準にして合計を 0 とする。よって O の酸化数はそれぞれ -2, -1 である。
(2)① Mn の酸化数が $+7 \longrightarrow +2$ から，過マンガン酸カリウムは酸化剤として作用しているので過酸化水素水は還元剤として作用している。よって $H_2O_2 \longrightarrow O_2$ より，O の酸化数は $-1 \longrightarrow 0$。($H_2O_2 \longrightarrow H_2O$ ではない)
② O の酸化数が $-1 \longrightarrow -2$ から，過酸化水素水は酸化剤として作用している。
(4) $KMnO_4$ に含まれる K, Mn は，硫酸塩である K_2SO_4, $MnSO_4$ となる。

190

|答| (1) ア；5　イ；6　ウ；2　エ；2

(2) a；$2MnO_4^- + 16H^+ + 10I^-$
　　$\longrightarrow 2Mn^{2+} + 8H_2O + 5I_2$
b；$2MnO_4^- + 5SO_2 + 2H_2O$
　　$\longrightarrow 2Mn^{2+} + 5SO_4^{2-} + 4H^+$
c；$Cr_2O_7^{2-} + 3SO_2 + 2H^+$
　　$\longrightarrow 2Cr^{3+} + 3SO_4^{2-} + H_2O$

(3) **6 mol**

|検討| (1)両辺の電荷の和を互いに等しくする。
(2)各イオン反応式の電子を消去するように，2つの式を合計する。
　　a；i 式×2 + iv 式×5
　　b；i 式×2 + iii 式×5
　　c；ii 式 + iii 式×3
(3) ii 式 + iv 式×3 より，
$Cr_2O_7^{2-} + 6I^- + 14H^+$
　$\longrightarrow 2Cr^{3+} + 3I_2 + 7H_2O$
よって，$K_2Cr_2O_7$ と KI の物質量比は 1：6。

191

|答| (1) $2MnO_4^- + 6H^+ + 5(COOH)_2$
　　$\longrightarrow 2Mn^{2+} + 8H_2O + 10CO_2$

(2) **0.750 mol/L**　(3) **672 mL**

|検討| (1)(上式)×2 + (下式)×5
(2)反応した $KMnO_4$ (MnO_4^-) の物質量は，

$$\frac{0.400 \times 15.0}{1000} = 6.00 \times 10^{-3} \text{ mol}$$

シュウ酸水溶液の濃度を x [mol/L] とすると，$(COOH)_2$ の物質量は，

$$\frac{x \times 20.0}{1000} = 2.00x \times 10^{-2} \text{ [mol]}$$

(1)の反応式より，$KMnO_4$ 2 mol と $(COOH)_2$ 5 mol が反応するから，
　$6.00 \times 10^{-3} : 2.00x \times 10^{-2} = 2 : 5$
　　∴ $x = 0.750$ mol/L
(3)(1)の反応式の係数比より，$KMnO_4$ 1 mol から CO_2 5 mol 発生するから，発生する CO_2 の体積(標準状態)は，
　$22.4 \times 10^3 \times 6.00 \times 10^{-3} \times 5 = 672$ mL

19 金属の反応性

基本問題 ……… 本冊 p.72

192

|答| **C＞A＞B**

|検討| B^+(イオン) + A(単体) $\longrightarrow$ B(単体) + A^+(イオン) より，イオン化傾向は A＞B。
C^+(イオン) + A(単体) $\longrightarrow$ 変化なし より，イオン化傾向は C＞A。よって，C＞A＞B

|テスト対策|
▶イオン化傾向 A＞B (A，B は金属)
B^+(イオン) + A(単体)
　　$\longrightarrow A^+$(イオン) + B(単体)
A^+(イオン) + B(単体) $\longrightarrow$ 変化しない

193

|答| ③

|検討| ①イオン化傾向が Pb＞Ag より，
　$2Ag^+ + Pb \longrightarrow Pb^{2+} + 2Ag$
②イオン化傾向が Fe＞Cu　より，
　$Cu^{2+} + Fe \longrightarrow Fe^{2+} + Cu$
③イオン化傾向が Zn＞Ag より，反応しない。
④イオン化傾向が Fe＞H　より，
　$2H^+ + Fe \longrightarrow Fe^{2+} + H_2 \uparrow$

194

答 (1) Ca, Na (2) Zn, Fe (3) Ag, Cu
(4) Pt, Au

検討 イオン化傾向の大きい金属ほど反応性が大きい。

テスト対策

▶イオン化傾向と金属の反応
　①常温の水と反応 ⇨ K, Ca, Na
　②酸と反応
　　⇨ 水素よりイオン化傾向が大きい。
　　⇨ Pb は塩酸・硫酸と反応しにくい。
　③硝酸・熱濃硫酸と反応 ⇨ Cu, Hg, Ag
　④王水のみと反応 ⇨ Pt, Au

応用問題　　　　　　本冊 p.73

195

答 B＞A＞D＞E＞C

検討 ①より、イオン化傾向はBが最も大きい。
②より、AとDはイオン化傾向が水素より大きく、CとEは水素より小さい。
③より、イオン化傾向はCが最も小さい。
④より、AとDのイオン化傾向はA＞D。
以上から、B＞A＞D＞E＞Cとなる。

196

答 (1) 還元 (2) ① 金属；Na, Ca
反応式；$2Na + 2H_2O \longrightarrow 2NaOH + H_2$,
$Ca + 2H_2O \longrightarrow Ca(OH)_2 + H_2$
② 金属；Fe, Zn
反応式；$Fe + 2HCl \longrightarrow FeCl_2 + H_2$,
$Zn + 2HCl \longrightarrow ZnCl_2 + H_2$　③ Cu, Ag

検討 (1)たとえば $Na \longrightarrow Na^+ + e^-$ のように、金属は陽イオンになりやすく、電子を与えるので還元剤。
(2)①イオン化傾向の大きい Na と Ca。
②水素よりイオン化傾向が大きく、希塩酸と反応するのは Fe と Zn。
③水素よりイオン化傾向が小さく、硝酸と反応するのは Cu と Ag。

20　電池

基本問題　　　　　　本冊 p.75

197

答 (1) ア, エ (2) ウ

検討 (1)2種類の金属を電解質水溶液中に入れると、電池が形成され、イオン化傾向の大きいほうの金属が負極、小さいほうの金属が正極となる。イオン化傾向が A＜B の組み合わせを選ぶ。
ア；イオン化傾向は Fe(A)＜Zn(B)。
エ；イオン化傾向は Cu(A)＜Sn(B)。
(2)一般に、イオン化傾向の差が大きい組み合わせほど両金属間の電圧が大きくなる。

テスト対策

▶電池の形成と正極・負極
　①電池の形成 ⇨ 電解質水溶液に2種類の金属を入れる。
　②{正極 ⇨ イオン化傾向の小さいほうの金属
　　負極 ⇨ イオン化傾向の大きいほうの金属

198

答 (1) Cu (2) $\longrightarrow$ (Zn から Cu)
(3) イ；$ZnSO_4$, ウ；$CuSO_4$ (4) イ
(5) $Zn + Cu^{2+} \longrightarrow Zn^{2+} + Cu$

検討 (1)イオン化傾向の小さいほうが正極。
(2)電子は、導線を負極(Zn板)から正極(Cu板)へ流れる。
(4)電子やイオンが通過できないものは不適当である。
(5) $Zn \longrightarrow Zn^{2+} + 2e^-$ と $Cu^{2+} + 2e^- \longrightarrow Cu$ を加えたイオン式。

199

答 ア, ウ

検討 ア；希硫酸中に、鉛 Pb と酸化鉛(Ⅳ) PbO_2 を対立させて入れた構造である。

ウ：放電によって希硫酸の濃度は減少する。

テスト対策
- ▶鉛蓄電池を放電(充電)させると，
  - ⇨ 両極の質量が増加(減少)する。
  - ⇨ 電解液の濃度が減少(増加)する。

応用問題 ……… 本冊 p.76

200
答 (1) エ　(2) ウ　(3) エ

検討 (1)負極では，Zn^{2+} の濃度が小さいほうが $Zn \longrightarrow Zn^{2+} + 2e^-$ の反応が進行しやすい。また，正極では，Cu^{2+} の濃度が大きいほうが $Cu^{2+} + 2e^- \longrightarrow Cu$ の反応が進行しやすい。

(2)充電によって，各極に生成した $PbSO_4$ がそれぞれ Pb，PbO_2 と変化し，電解液には H_2SO_4 が増加して密度が大きくなる。

(3)放電すると，起電力が急激に低下する現象(分極)が起こる。

201
答 (1) ア，ウ，オ　(2) エ　(3) イ，オ
(4) イ　(5) ウ　(6) エ　(7) ア
(8) オ

検討 (1)ダニエル電池，マンガン乾電池，ボルタ電池の負極は亜鉛である。
(2)燃料電池は正極が酸素，負極が水素である。
(3)鉛蓄電池とボルタ電池の電解液は希硫酸である。
(4)鉛蓄電池は放電によって，両極に硫酸鉛(Ⅱ)が析出し，両極とも重くなる。
(5)マンガン乾電池では Zn^{2+} が錯イオンなどに変化する。
(6)燃料電池の全反応は，$2H_2 + O_2 \longrightarrow 2H_2O$
(7)ダニエル電池の正極での反応は，
　　$Cu^{2+} + 2e^- \longrightarrow Cu$
(8)ボルタ電池は，分極によって，放電すると，すぐ両極間の電圧が低下する。

21 電気分解

基本問題 ……… 本冊 p.77

202
答 (1) 陰極　(2) 陽極

検討 (1)陰極では陽イオンが電子を受け取る反応が起こるので，減った分，陰極に電子が流れ込む。
(2)陽極では陰イオンが電子を失う酸化反応が起こる。

203
答 (1) 陽極；塩素　陰極；銅
(2) 陽極；酸素　陰極；銀
(3) 陽極；酸素　陰極；水素
(4) 陽極；酸素　陰極；水素
(5) 陽極；銅極が Cu^{2+} となる　陰極；銅

検討 (1)陽極；$2Cl^- \longrightarrow Cl_2\uparrow + 2e^-$
　　　陰極；$Cu^{2+} + 2e^- \longrightarrow Cu$
(2)陽極；$2H_2O \longrightarrow O_2\uparrow + 4H^+ + 4e^-$
　　陰極；$Ag^+ + e^- \longrightarrow Ag$
(3)陽極；$2H_2O \longrightarrow O_2\uparrow + 4H^+ + 4e^-$
　　陰極；$2H_2O + 2e^- \longrightarrow H_2\uparrow + 2OH^-$
(4)陽極；$4OH^- \longrightarrow O_2\uparrow + 2H_2O + 4e^-$
　　陰極；$2H_2O + 2e^- \longrightarrow H_2\uparrow + 2OH^-$
(5)陽極；$Cu \longrightarrow Cu^{2+} + 2e^-$
　　陰極；$Cu^{2+} + 2e^- \longrightarrow Cu$

テスト対策
- ▶水溶液の電気分解；白金・炭素極
  - 陽極　a) $Cl^- \longrightarrow Cl_2\uparrow$，
  　　　　$I^- \longrightarrow I_2$
  　　　b) 塩基性溶液 ⇨ OH^-，$O_2\uparrow$
  　　　c) SO_4^{2-}，NO_3^-
  　　　　⇨ $H_2O \longrightarrow O_2\uparrow$　溶液；H^+
  - ※銅電極の場合は，$Cu \longrightarrow Cu^{2+}$
  - 陰極　a) Cu^{2+}，Ag^+ ⇨ Cu，Ag
  　　　b) 酸性溶液 ⇨ $H^+ \longrightarrow H_2$
  　　　c) K^+，Ca^{2+}，Na^+，Al^{3+}
  　　　　⇨ $H_2O \longrightarrow H_2\uparrow$　溶液；OH^-

204

答 (1) $9.65×10^3$ C (2) 16分 (3) **a** 陰極；銅，3.18 g 陽極；酸素，0.560 L
b 陰極；水素，1.12 L 陽極；塩素，1.12 L

検討 電子1molが流れるとAg 1molが析出する。Agのモル質量108 g/molから、流れた電子の物質量は、$\dfrac{10.8\,\text{g}}{108\,\text{g/mol}} = 0.100\,\text{mol}$

(1) $9.65×10^4$ C/mol $×0.100$ mol
  $= 9.65×10^3$ C

(2) 電気分解した時間 x〔分〕とすると
  $10×60x = 9.65×10^3$ ∴ $x ≒ 16$ 分

(3) **a** 陰極；銅が析出。電子1molが流れると、$Cu^{2+} \longrightarrow Cu$ 原子 $\dfrac{1}{2}$ mol より、
  $\dfrac{63.6}{2}×0.100 = 3.18$ g

陽極；酸素が発生。電子1molが流れると、
$O^{2-} \longrightarrow O$ 原子 $\dfrac{1}{2}$ mol $\longrightarrow O_2$ 分子 $\dfrac{1}{4}$ mol
より、22.4 L/mol $×\dfrac{1}{4}×0.100$ mol $= 0.560$ L

b 陰極；水素が発生。電子1molが流れると、
$H^+ \longrightarrow H$ 原子 1 mol $\longrightarrow H_2$ 分子 $\dfrac{1}{2}$ mol より、
22.4 L/mol $×\dfrac{1}{2}×0.100$ mol $= 1.12$ L

陽極；塩素が発生。電子1molが流れると、
$Cl^- \longrightarrow Cl_2\,\dfrac{1}{2}$ mol より、水素と同じく1.12 L。

応用問題　　　　　　　　本冊 p.79

205

答 (1) ウ，エ，オ (2) ウ，エ
(3) エ，オ (4) カ (5) エ，オ

検討
ア；陽極；$2Cl^- \longrightarrow Cl_2↑ + 2e^-$
　陰極；$Cu^{2+} + 2e^- \longrightarrow Cu$
イ；陽極；$2H_2O \longrightarrow O_2↑ + 4H^+ + 4e^-$
　陰極；$Ag^+ + e^- \longrightarrow Ag$
ウ；陽極；$2Cl^- \longrightarrow Cl_2↑ + 2e^-$
　陰極；$2H_2O + 2e^- \longrightarrow H_2↑ + 2OH^-$
エ；陽極；$2H_2O \longrightarrow O_2↑ + 4H^+ + 4e^-$
　陰極；$2H_2O + 2e^- \longrightarrow H_2↑ + 2OH^-$
オ；陽極；$2H_2O \longrightarrow O_2↑ + 4H^+ + 4e^-$

陰極；$2H^+ + 2e^- \longrightarrow H_2↑$
カ；陽極；$Cu \longrightarrow Cu^{2+} + 2e^-$
　陰極；$Cu^{2+} + 2e^- \longrightarrow Cu$

(2) OH^- が生成するもの。
(3)(5) O_2 と H_2 が発生するもの。
(4) 極だけ変化するもの。

206

答 (1) 4825 C
(2) 陰極；銀，5.4 g 陽極；酸素，0.28 L

検討 (1) 希硫酸を電気分解すると、陰極で水素、陽極で酸素が発生する。電子1molが流れたとき発生する水素、酸素の物質量は
  $H_2\,\dfrac{1}{2}$ mol, $O_2\,\dfrac{1}{4}$ mol より、
発生する気体の標準状態における総体積は、
  22.4 L/mol $×\left(\dfrac{1}{2}+\dfrac{1}{4}\right)$ mol $= 16.8$ L
流れた電子の物質量は、840 mL = 0.84 L より
  $\dfrac{0.84}{16.8} = 0.050$ mol　　電気量を求めると、
  $9.65×10^4$ C/mol $×0.050$ mol $= 4825$ C

(2) 陰極では銀が析出。その質量は、Agのモル質量108 g/mol, 1価であるから
  108 g/mol $×0.050$ mol $= 5.4$ g
陽極では酸素が発生。その標準状態での体積は、22.4 L/mol $×\dfrac{1}{4}×0.050$ mol $= 0.28$ L

207

答 (1) 4825 C (2) 2.7 A
(3) B；塩素，0.560 L C；銀，5.40 g
　D；酸素，0.280 L

検討 A に銅が析出する。電子1molが流れたとき析出する銅の質量は、$\dfrac{63.6\,\text{g}}{2} = 31.8$ g
流れた電子の物質量は、$\dfrac{1.59}{31.8} = 0.0500$ mol

(1) $9.65×10^4$ C/mol $×0.0500$ mol $= 4825$ C

(2) $\dfrac{4825}{60×30} = 2.68⋯ ≒ 2.7$ A

(3) B；$\dfrac{22.4\,\text{L/mol}}{2}×0.0500$ mol $= 0.560$ L
　C；108 g/mol $×0.0500$ mol $= 5.40$ g
　D；$\dfrac{22.4\,\text{L/mol}}{4}×0.0500$ mol $= 0.280$ L